JEC-3401-2006

電気学会 電気規格調査会標準規格

OFケーブルの高電圧試験法

緒言

1. 改訂の経緯と要旨

　本規格は，高電圧試験専門委員会ケーブル高電圧試験専門分科会技術報告「OFケーブルの高電圧試験法に関する推奨案」(昭和37年5月)をもととして昭和40年11月に制定された。その後の技術進展を勘案して見直し改訂が施され，1986年(昭和61年)に電気規格調査会委員会総会の承認を経てJEC-3401-1986 (OFケーブルの高電圧試験法)として制定されたが，昨今のOFケーブルを取り巻く環境の変化を踏まえて，下記の趣意により見直しを行った。

　本規格は1986年に改訂されてから20年以上が経っている。この間，規格内で引用されているJECおよびJIS規格が見直されたほか，JEC-3408-1997 (特別高圧(11〜275 kV)架橋ポリエチレンケーブルおよび接続部の高電圧試験法)が1997年に改訂され，最新の要求仕様が整備されている。

　OFケーブルについては，最近では新設工事が少なくなってきているものの，経年設備が多くなっていることから，今後OFケーブルによる部分引替またはCVケーブルによる異種接続という形で，OFケーブルの工事が発生していくものと考えられる。また，将来的には，現在使用している絶縁油や絶縁紙の供給継続性に不透明な部分もあることから，新たな製造元の絶縁油や絶縁紙が導入される可能性も考えられる。このようなことから，今後も本規格に基づいた各種試験を行う機会は発生するものと想定される。

　今回の改訂の要旨は以下の通りである。

(1) JEC-3408-1997との整合を図り，各種試験の位置付けと相互の関係を明確にするため，個別の試験項目別の記載であったものを試験種別(開発・形式・受入試験)に整理した。

(2) 単位系を見直し，SI単位系に統一した。

(3) POFケーブルも適用範囲に含めた。

(4) 試験条件の算出根拠として，ケーブル最高電圧を採用した。

(5) 開発試験を追加した。電圧加速の条件を決定するにあたり，$V-t$特性の傾きである寿命指数として$n=30$ (エポキシ製品については$n=15$)を，温度加速の条件としては7℃半減則を採用した。n値は半合成紙・クラフト紙の区別なく全ての油浸紙絶縁に適用することとし，形式試験の商用周波長時間耐電圧試験の条件設定とも共通のものとした。

(6) 誘電正接試験を追加した。

(7) 商用周波長時間耐電圧試験の試験電圧算出方法を，500 kV OFケーブルの算出方法に統一した。その結果，66 kV〜154 kVの試験電圧値が低減された。

(8) 雷インパルス耐電圧試験については，低減 LIWV（機器の雷インパルス試験電圧の最大値）を基準とした系統毎の個別検討も可能な表現とした。

(9) 開閉インパルス耐電圧試験については，現状 LIWV > SIWV（機器の開閉インパルス試験電圧の最大値）であり，油浸紙絶縁の耐電圧特性から考えて，雷インパルスで検証をすれば，さらに開閉インパルスについて検証する必要はないと考えられるため，今回の改訂において本文における記述を削除した。しかし，LIWV が低減された場合には，LIWV < SIWV となることも考えられるため，その試験方法については他同様に見直しを行い，参考として本規格に含めることとした。

2. 標準化特別委員会

委員会名：OF ケーブルの高電圧試験法標準特別委員会

委 員 長	関井 康雄	（千葉工業大学）	幹事補佐	中島 武憲	（ビスキャス）
幹 事	戸谷 敦	（東京電力）	途中退任委員	上戸 亮	（原子力安全保安院）
同	佐久間 進	（ビスキャス）	同	倉成 祐幸	（電気事業連合会）
委 員	匹田 政幸	（九州工業大学）	同	栗山 秀春	（東日本旅客鉄道）
同	穂積 直裕	（豊橋技術科学大学）	同	藤井 裕	（北海道電力）
同	栗原 晃雄	（原子力安全保安院）	同	遠藤 誠	（東北電力）
同	伊藤 勇	（電気事業連合会）	同	田村 直人	（北陸電力）
同	水野 公博	（日本電線工業会）	同	梅村 隆	（中部電力）
同	福島 裕彦	（東日本旅客鉄道）	同	小橋 一志	（関西電力）
同	中村 満	（北海道電力）	同	神垣 利則	（中国電力）
同	佐々木 雄一	（東北電力）	同	森下 博	（四国電力）
同	中田 保彦	（北陸電力）	同	斎藤 秀樹	（エクシム）
同	滝波 直樹	（中部電力）	途中退任幹事補佐	相原 靖彦	（東京電力）
同	松村 正男	（関西電力）	参 加	苅谷 和市	（関西電力）
同	竹内 康人	（中国電力）	同	北林 秀一	（中部電力）
同	横井 郁夫	（四国電力）	同	南 浩二	（九州電力）
同	松村 和彦	（九州電力）	同	水津 亮	（ジェイ・パワーシステムズ）
同	藤田 仁	（電源開発）	同	大旗 英嗣	（エクシム）
同	片貝 昭史	（ジェイ・パワーシステムズ）	同	上村 哲徳	（九州電力）
同	加藤 賢司	（エクシム）	同	伊藤 孝志	（中部電力）
幹事補佐	真下 展宏	（東京電力）	同	重松 貴則	（九州電力）

3. 部 会

部会名：電線・ケーブル部会（兼電線・ケーブル標準化委員会）

部 会 長	島田 元生	（ビスキャス）	委 員	近藤 雅昭	（日本電力ケーブル接続技術協会）
幹 事	木村 人司	（ビスキャス）	同	鈴木 貞二	（フジクラ）
委 員	天沼 成一	（ビスキャス）	同	関井 康雄	（千葉工業大学）
同	尾鷲 正幸	（エクシム）	同	高山 芳郎	（日本電線工業会）
同	黒川 茂	（関電工）	同	戸谷 敦	（東京電力）

委　　員	西村　誠介	（横浜国立大学）		委　　員	松浦　達吉	（東京電力）
同	橋本　　博	（東日本旅客鉄道）		同	三谷　宗久	（ジェイ・パワーシステムズ）

4. 電気規格調査会

会　　長	鈴木　俊男	（電力中央研究所）		2号委員	安元　伸司	（九州電力）
副 会 長	松瀨　貢規	（明治大学）		同	鈴木　英昭	（日本原子力発電）
同	松村　基史	（富士電機システムズ）		同	大西　忠治	（新日本製鐵）
理　　事	大植　康司	（関西電力）		同	佐々木孝一	（東日本旅客鉄道）
同	大木　義路	（早稲田大学）		同	東濱　忠良	（東京地下鉄）
同	片瓜　伴夫	（東　芝）		同	小山　　茂	（松下電器産業）
同	近藤良太郎	（日本電機工業会）		同	橘高　義彰	（日新電機）
同	笹木　憲司	（明電舎）		同	筒井　幸雄	（安川電機）
同	島田　元生	（ビスキャス）		同	赤井　　達	（横河電機）
同	鈴木　良博	（日本ガイシ）		同	福永　定夫	（ジェイ・パワーシステムズ）
同	瀬戸　和吉	（経済産業省）		同	三浦　　功	（フジクラ）
同	高橋　治男	（東　芝）		同	浅井　　功	（日本電気協会）
同	滝沢　照広	（日立製作所）		同	井上　　健	（日本電設工業協会）
同	武部　俊郎	（東京電力）		同	新畑　隆司	（日本電気計測器工業会）
同	田生　宏禎	（電源開発）		同	高山　芳郎	（日本電線工業会）
同	永井　信夫	（三菱電機）		同	花田　悌三	（日本電球工業会）
同	萩森　英一	（中央大学）		3号委員	岡部　洋一	（電気専門用語）
同	渡邉　朝紀	（鉄道総合技術研究所）		同	大崎　博之	（電磁両立性）
同	佐々木三郎	（学会研究経営担当副会長）		同	多氣　昌生	（人体ばく露に関する電磁界の評価方法）
同	田井　一郎	（学会研究経営理事）		同	加曽利久夫	（電力量計）
同	村岡　泰夫	（学会専務理事）		同	中邑　達明	（計器用変成器）
2号委員	奥村　浩士	（広島工業大学）		同	小屋敷辰次	（電力用通信）
同	小黒　龍一	（九州工業大学）		同	河田　良夫	（計測安全）
同	斎藤　浩海	（東北大学）		同	小見山耕司	（電磁計測）
同	鈴木　勝行	（日本大学）		同	黒沢　保広	（保護リレー装置）
同	湯本　雅恵	（武蔵工業大学）		同	森安　正司	（回転機）
同	大和田野芳郎	（産業技術総合研究所）		同	細川　　登	（電力用変圧器）
同	今田　滋彦	（国土交通省）		同	中西　邦雄	（開閉装置）
同	大房　孝宏	（北海道電力）		同	林　　洋一	（パワーエレクトロニクス）
同	村田　　猛	（東北電力）		同	河本康太郎	（工業用電気加熱装置）
同	森　　榮一	（北陸電力）		同	稲葉　次紀	（ヒューズ）
同	髙木　洋隆	（中部電力）		同	村岡　　隆	（電力用コンデンサ）
同	宇津木健太郎	（中国電力）		同	小島　宗次	（避雷器）
同	石原　　勉	（四国電力）		同	田生　宏禎	（水　車）

3号委員	横山 明彦	（標準電圧）	3号委員	小林 昭夫	（短絡電流）
同	坂本 雄吉	（架空送電線路）	同	岡 圭介	（活線作業用工具・設備）
同	尾崎 勇造	（絶縁協調）	同	大木 義路	（電気材料）
同	高須 和彦	（がいし）	同	島田 元生	（電線・ケーブル）
同	河村 達雄	（高電圧試験方法）	同	久保 敏	（鉄道電気設備）

JEC-3401-2006

電気学会　電気規格調査会標準規格

OFケーブルの高電圧試験法

目　　次

1. 適 用 範 囲 ·· 7
   1.1 導体許容温度 ·· 7
   1.2 周 波 数 ·· 8
   1.3 使 用 年 数 ·· 8
2. 引 用 規 格 ·· 9
3. 用 語 の 意 味 ·· 9
   3.1 公称電圧 U ··· 9
   3.2 系統の最高電圧 ·· 9
   3.3 ケーブル最高電圧 U_m ·· 9
   3.4 常規使用電圧 ·· 10
   3.5 過 電 圧 ·· 10
   3.6 交流過電圧 ·· 10
   3.7 雷 過 電 圧 ·· 10
   3.8 開閉過電圧 ·· 10
   3.9 $V-t$ 特 性 ·· 10
   3.10 有効試料長 ··· 10
   3.11 試 料 温 度 ··· 10
   3.12 常　　温 ··· 10
   3.13 高　　温 ··· 10
   3.14 油　　圧 ··· 10
4. 試験の種別と目的 ·· 10
   4.1 開 発 試 験 ·· 12
   4.2 形 式 試 験 ·· 12
   4.3 受 入 試 験 ·· 12
5. 開 発 試 験 ·· 13
   5.1 試験項目とフロー ·· 13
   5.2 試 験 試 料 ·· 13

5.3	長期課通電試験	14
5.4	誘電正接温度特性試験	19
5.5	雷インパルス耐電圧試験	21
5.6	商用周波耐電圧試験	23

6. 形 式 試 験 ··· 23
6.1	試 験 項 目	23
6.2	試 験 試 料	24
6.3	誘電正接温度特性試験	24
6.4	雷インパルス耐電圧試験	24
6.5	商用周波長時間耐電圧試験	24

7. 受 入 試 験 ··· 26
7.1	出荷耐電圧試験	26
7.2	誘電正接試験	28

参　　　　考 ··· 31
1.	開閉インパルス耐電圧試験	31
2.	半減則温度について	33
3.	$\varDelta \tan \delta$ 増大の要因例	39
4.	20℃未満の低温領域での $\tan \delta$	41

JEC-3401-2006

電気学会　電気規格調査会標準規格

OFケーブルの高電圧試験法

1. 適 用 範 囲

　本規格は，公称電圧66 kV～500 kVまでの電力系統で，1.1～1.3に示す条件で使用されるOFケーブルおよびPOFケーブル，ならびにそれらの接続部の高電圧試験に適用するもので，これらが電力系統に接続された場合に，そのケーブル系統に加わる常規電圧および系統内で発生が予想される過電圧に対して十分安全であることの検証を目的とするものである。

1.1 導体許容温度

表1のとおりとする。

表1　導体許容温度

絶縁紙種類	普通紙 （普通クラフト紙） $\varepsilon = 3.7$程度 $\tan\delta = 0.4\%$程度	低損失紙 （脱イオン水洗紙） $\varepsilon = 3.4$程度 $\tan\delta = 0.25\%$程度	半合成紙 $\varepsilon = 2.8$程度 $\tan\delta = 0.1\%$程度
常　時　℃	80	85	85
短時間　℃	90	95	95
瞬　時　℃	150	150	150

（注）絶縁紙の特性（εおよび$\tan\delta$）は，運転電圧下の常時導体許容温度における値

解説1　導体許容温度　　常時は連続使用時に，短時間は事故時などで事故線路以外の線路に一時的に過負荷送電を必要とする場合に，瞬時は系統の短絡や地絡事故時に，それぞれ適用するものである。

解説2　導体許容温度の支配要因　　油浸紙絶縁の劣化は，酸化劣化，熱劣化および課電劣化の3形態に分類でき，電気協同研究第40巻第1号（特高ケーブルの導体許容温度，昭和59年）によると，絶縁紙および絶縁油の各形態における劣化の有無を解説表1のように考えることができる。

解説表1　油浸紙絶縁の劣化要因

	酸化劣化	熱劣化	課電劣化
絶縁紙	絶縁油に比べて無視できる	熱分解ガスの発生 高温$\tan\delta$の増加 機械強度の低下	現状の運転電界では影響なし
絶縁油	製造時の溶存酸素量から考えると，影響なし	ガスの発生	同　上

　送電機能研究委員会の，送電機能向上に関する研究報告その2（地中送電，昭和40年9月）より抜粋した図を解説図1および2に示す。材料単体の熱分解による重量減少率を見ると，絶縁紙より絶縁油の方が早く温度上昇に反応し，その劣化開始温度は150℃となっているが，絶縁紙の熱劣化による引張力残率の変化は，それより低い130℃付近でも劣化することを示すデータとなっている。このことより，油浸紙絶縁の劣化は，絶縁紙の熱劣化に支配されると考えてよく，したがって，ここでは絶縁紙種別に許容温度を決定した。

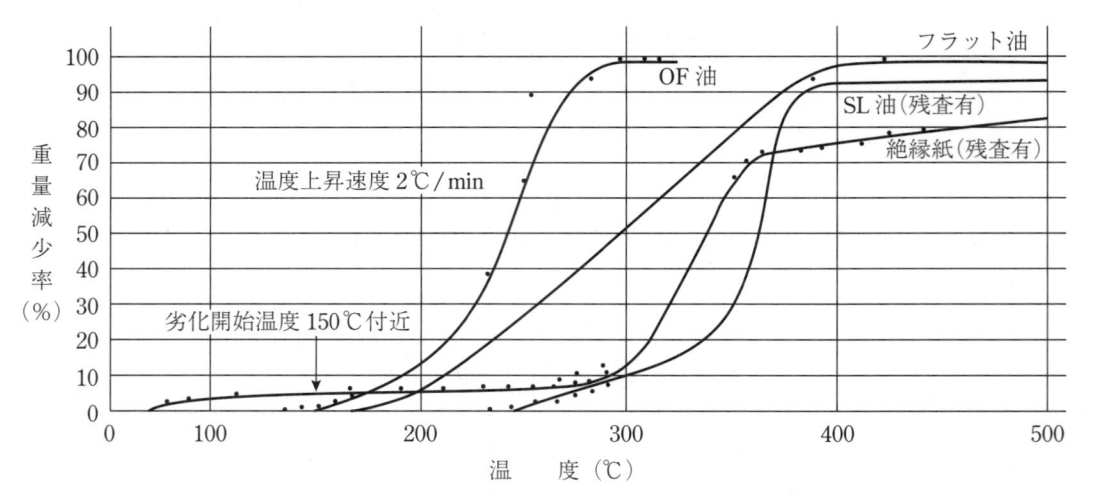

解説図1　ケーブル材料の重量減少率と温度の関係

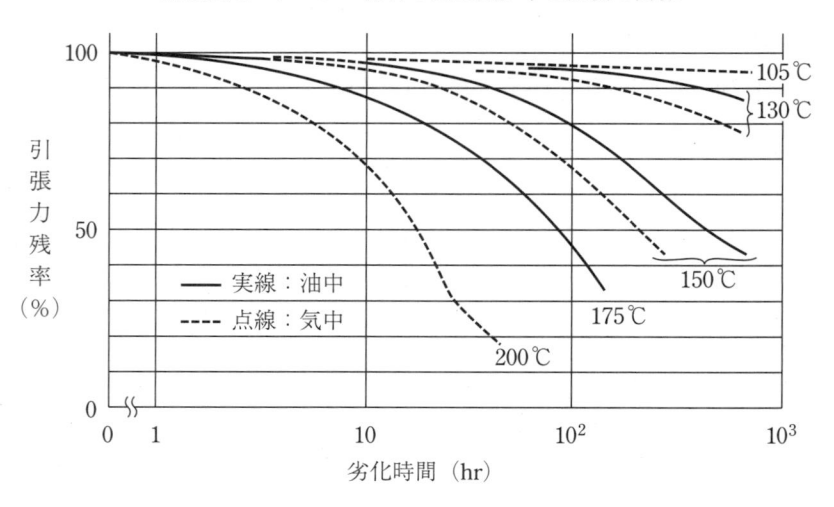

解説図2　絶縁クラフト紙の熱劣化と引張力残率

解説3　導体許容温度の決定根拠　　導体許容温度については，電気協同研究第40巻第1号や，電気学会技術報告第858号（OFケーブルおよびCVケーブルにおける高温性能とその支配要因，2001年）などで多面的な検討が実施されその結果が示されているが，いずれもOFケーブルの導体許容温度を検討する上で考慮すべき項目をまとめるにとどまっており，許容温度そのものを見直すには至っていない。したがって，現段階では従来の許容温度を変更する理由は見当たらず，今回の改訂にあたっても，従来値のままとした。

1.2　周波数

50 Hzまたは60 Hzとする。

1.3　使用年数

30年とする。

解説4　使用年数　　OFケーブルおよびPOFケーブルの使用年数については明確な規定がなく，過去の開発試験などにおいても40年相当の検証試験が行われた例もある。しかしながら，OFケーブルの金属被の熱挙動による疲労設計は，使用年数30年を想定して行われることが多いため，ここでは30年とした。

2. 引用規格

JIS Z 8703-1983	試験場所の標準状態
JEC-0102-1994	試験電圧標準
JEC-0201-1988	交流電圧絶縁試験
JEC-0202-1994	インパルス電圧・電流試験一般
JEC-3408-1997	特別高圧（11～275 kV）架橋ポリエチレンケーブルおよび接続部の高電圧試験法
IEC 60038-2002	IEC standard voltages
IEC 60141-1993	Tests on oil-filled and gas-pressure cables and their accessories
AEIC CS2-1997	Specification for Impregnated Paper and Laminated Paper Polypropylene Insulated Cable, High Pressure Pipe Type
AEIC CS4-1993	Specifications for Impregnated-Paper-Insulated Low and Medium Pressure Self-Contained Liquid Filled Cable

3. 用語の意味

本規格で使用される主な用語の意味を以下に示す。なお，電気学会専門用語集 No.17（絶縁協調・高電圧，1986年）に採録されているものについては，その番号を括弧内に示す。

3.1 公称電圧 U (2.01)

系統を代表する電圧（線間電圧で表す）。

3.2 系統の最高電圧 (2.02)

系統に通常発生する最高の電圧（線間電圧で表す）。

3.3 ケーブル最高電圧 U_m

ケーブルの絶縁設計に用いられる最高電圧（線間電圧で表す）。

　解説5　最高電圧　　解説表2に示す。

解説表2　系統の最高電圧　　　　　　　　単位　kV

公称電圧	66	77	110	154	187	220	275	500
系統の最高電圧	69	80.5	115	161	195.5	230	287.5	525/550
ケーブル最高電圧	72	84	120	168	204	240	300	550

　解説6　ケーブル最高電圧　　ケーブルと付属品が設計されるべき最大商用周波電圧として IEC 60038-2002（IEC standard voltages）で規定されており，JEC-3408-1997 でも IEC との整合性を考慮して絶縁設計に用いられ

る最高電圧として導入されている。これに倣い，今回商用周波電圧における設計電圧として導入した。

3.4 常規使用電圧

通常の運転下で系統に発生する電圧（線間電圧で表す）。

3.5 過電圧（3.01）

系統のある地点の相－対地間，あるいは相間に発生する通常の運転電圧を超える電圧。

3.6 交流過電圧

負荷遮断，一線地絡および直列共振などによって発生する過電圧。

3.7 雷過電圧

直撃雷，逆フラッシオーバおよび誘導雷などによって発生する過電圧。

3.8 開閉過電圧

遮断器および断路器などの開閉操作などによって発生する過電圧。

3.9 $V-t$ 特性

交流電圧を印加したときの印加電圧（V）と絶縁破壊するまでの時間（t）との関係の総称。

3.10 有効試料長

試料試験に供するケーブル長のうち終端および中間接続部の長さを除いたもの。

3.11 試料温度

試料試験に際して評価に使用する温度のことで，通常はケーブル部導体温度。

3.12 常　　温

JIS Z 8703-1983（試験場所の標準状態）に定める常温（20 ± 15℃）。

3.13 高　　温

試料試験に際して評価に使用する温度のことで，通常は常時導体許容温度。

3.14 油　　圧

試験を行う際の油圧設定のことで，試験試料を組み立てた状態で最も高い位置の油圧（＝試験試料中の最低油圧）で，ゲージ圧とする。

4. 試験の種別と目的

本規格におけるケーブルおよび接続部の高電圧試験法は，図1に示すフローにより，開発試験，形式試験および受入試験の3種類に区別する。

```
┌─ 開発試験 ──────────────────────────────────────┐
│ 「長期試験」                                        │
│  ・長期課通電試験                                    │
│   実使用時に想定される熱機械的挙動（ヒートサイクル）のもとで，商用周波電圧に対する寿命を │
│  有することを確認                                    │
│ 「残存性能試験」                                     │
│  ・誘電正接温度特性試験                               │
│   構造および製造上の不具合がないことならびに熱暴走が生じないことを確認    │
│  ・雷インパルス耐電圧試験                             │
│   雷過電圧に対する耐電圧性能を有することを確認           │
│  ・商用周波耐電圧試験                                 │
│   交流過電圧に対する耐電圧性能を有することを確認         │
└──────────────────────────────────────────────┘
                          ↓
┌─ 形式試験 ──────────────────────────────────────┐
│  ・誘電正接温度特性試験                               │
│   構造および製造上の不具合がないことを確認               │
│  ・雷インパルス耐電圧試験                             │
│   雷過電圧に対する耐電圧性能を有することを確認           │
│  ・商用周波長時間耐電圧試験                           │
│   所定の商用周波電圧に対する寿命を有することを確認       │
└──────────────────────────────────────────────┘
                          ↓
┌─ 受入試験 ──────────────────────────────────────┐
│  ・出荷耐電圧試験                                    │
│   形式試験供試品と同等の製造・品質管理状態であることを確認するため，交流過電圧に対する耐電 │
│  圧性能を確認                                       │
│  ・誘電正接試験                                      │
│   形式試験供試品と同等の製造・品質管理状態であることを確認するため，誘電正接を確認      │
└──────────────────────────────────────────────┘
```

図1　OFケーブルおよび接続部の高電圧試験フロー

解説7　異種接続の考え方　CVケーブルとの異種接続の検証を行う場合，本規格とCVケーブルの規格（JEC-3408-1997）の双方を引用し試験を実施する。すなわち異種接続のOF側は本規格，CV側はCVケーブルの規格を満たす必要がある。試験電圧の設定にあたっては，たとえばAC耐電圧試験の場合，n値は当該接続部に用いた各種絶縁材料のうち最も小さいものを，試験時間はCVおよびOFの時間の長い方をそれぞれ用いてCVおよびOFのそれぞれの規格による試験電圧の換算を行い，いずれか高い方の電圧で試験を実施する（CV側の検証条件にOF側が耐えられない場合には，CV側のみを試験するなど，当事者間で協議のうえ試験方法を決定してもよい）。また，ヒートサイクル試験においては，導体到達温度はCVおよびOFの温度のうち，どちらか一方がそれぞれの値に到達するよう通電することとする。インパルス耐電圧試験などにおいても同様の考え方で合理的に試験条件を設定する。具体的な設定例は以下のとおり。

　　例：66 kV　異種接続部の形式試験電圧値について
　　　n値：15（接続部固体絶縁部分のn値を採用）
　　　試験時間：3時間（本規格の試験時間を採用）
　　　試験電圧：125 kV（本規格による試験電圧を採用）
　　・本規格による試験電圧設定　　125kV

$$試験電圧値 = \frac{U_m}{\sqrt{3}} \times K_1 \times K_2 \times K_3$$

　　　ここに，$U_m = 72$ kV

$$K_1（時間換算係数）= \left(30\text{年} \times 365\text{日} \times \frac{24\text{時間}}{3\text{時間}}\right)^{\frac{1}{15}} = 2.14$$

　　　　　K_2（安全率）= 1.1
　　　　　K_3（その他係数）= 1.25

・JEC-3408-1997による試験電圧設定　120 kV

$$試験電圧値 = \frac{U_m}{\sqrt{3}} \times K_1 \times K_2 \times K_3$$

ここに，$U_m = 72$ kV

K_1（劣化係数）$= \left(30\text{ 年} \times 365\text{ 日} \times \dfrac{24\text{ 時間}}{3\text{ 時間}}\right)^{\frac{1}{15}} = 2.14$

K_2（温度係数）$= 1.2$

K_3（裕度）$= 1.1$

4.1　開発試験

　本試験は，開発品の設計，製造および施工方法が，実用可能であることを実証するために行うものである．具体的には，開発品が実使用時に想定される熱機械的挙動（ヒートサイクル）のもとで，所定の商用周波電圧に対する寿命を有することを長期課通電試験によって検証するものである．なお，長期課通電試験においては，開発品により温度加速および電圧加速の必要性を検討する．

　開発試験において誘電正接温度特性試験を実施することとしたが，この目的としては油浸紙絶縁体の構造上の不具合（絶縁紙および絶縁油の構成・比率，内外半導電層カーボン紙の巻き方等）がないこと，および製造上の不具合（絶縁紙および絶縁油の汚損，油含浸の不十分等）がないこと，ならびに tan δ が上昇することによる熱暴走が生じないことを確認することが挙げられる．油浸紙絶縁体の tan δ には電圧依存性があり，2つの電圧での tan δ の差（Δtan δ）は上記不具合により急増するため，これらの発見に有効である．また，測定温度を変えることで，より顕著に傾向を把握できることから，開発試験において温度特性試験を実施する．

　さらに，上記試験終了後には，開発品が設計寿命に達しても系統上に発生する過電圧に耐えることを確認するために，所定の過電圧および商用周波電圧に対する耐電圧性能を確認する（残存性能試験）．

　なお，開発品によっては個別に試験方法を定めてよいものとし，さらに使用実績が十分ある材料を使用する場合や，従来と同等と判断できる場合には開発試験は省略できるものとし，従来の設計レベルを超えて新規設計する場合には，開発試験を実施するものとする．

　　解説8　開発試験
　　　(1)　開発試験は製品開発時の試験内容を標準化することにより，試験結果を同一レベルで評価できるよう今回新たに本規格に取り入れたものである．
　　　(2)　従来実績や検証例のない電界領域で設計した場合や，既存データではその特性が予測不可能な場合や，全くの新構造品を開発するような場合には，その長期性能評価として開発試験を行う．

4.2　形式試験

　本試験は，ある形式製品の設計，製造および施工方法を認定するために行うものである．具体的には，ある形式製品が所定の商用周波電圧に対する寿命を有することを商用周波長時間耐電圧試験により確認し，系統上に発生する過電圧に耐えることを確認するために雷インパルス耐電圧試験を行う．また，油浸紙絶縁体の構造および製造上の不具合が生じないことを誘電正接温度特性試験によって検証する．

　なお，接続部については施工方法が品質に与える影響が大きいため，現地施工条件を模擬して組み立てた試料で試験を行う．

　　解説9　交流過電圧　　交流過電圧に対する検証は，商用周波長時間耐電圧試験にて検証できることから行わないこととした．

4.3　受入試験

　本試験は，出荷製品（ケーブルおよび試験可能な接続部部品）が形式試験供試品と同等の製造・品質管理状態

であることを確認するために行うものである。具体的には，出荷耐電圧試験および誘電正接試験によって検証する。

5. 開　発　試　験

開発試験は，開発品の設計，製造および施工方法が，実用可能であることを実証するために行うもので，開発品を実使用時に想定される熱機械的挙動（ヒートサイクル）のもとで長期課通電試験に供し，熱的および電気的な長期性能の確認を行う。さらに，開発品が設計寿命に達しても電力系統で発生する過電圧に耐えることを確認するために，所定の過電圧および商用周波電圧に対する耐電圧性能を残存性能試験により確認するものである。

試験条件は，開発試験の対象が何であるかによって異なり，例えば異種接続部の固体絶縁部分が対象である場合には油浸紙絶縁部分の検証は不要となるため温度加速試験は行わないものとする。効率的な試験実施のため，試験実施にあたっては当事者間の十分な協議が必要である。

5.1　試験項目とフロー

開発試験項目とそのフローは，図2のとおりとする。

長期試験	① 長期課通電試験 定期的に誘電正接温度特性試験と絶縁油分析を実施する
残存性能試験	② 誘電正接温度特性試験 ③ 雷インパルス耐電圧試験 ④ 商用周波耐電圧試験

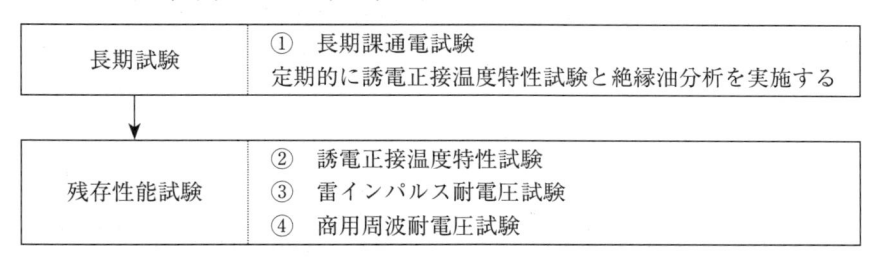

図2　開発試験フロー

解説10　開発試験フロー　過去の開発試験実績を踏まえて決定した。長期課通電試験中は，開発品の特性を適宜確認するために，誘電正接温度特性試験と絶縁油分析を定期的に実施する。残存性能試験では，設計寿命経過後でも過電圧に耐えることを確認するために，雷インパルス耐電圧試験と商用周波耐電圧試験を実施する。

5.2　試験試料

試験試料は，評価に必要なケーブルおよび接続部等の数量を購入者と製造者間の取り決めで定めることとする。ただし，有効試料長は，66 kV～154 kVでは5 m以上，187 kV～500 kVでは10 m以上を確保すること。

5.2.1　曲げ処理

ケーブルの試料試験にはあらかじめ以下に示す曲げ処理を施す。

(1) 試料温度

10℃以下とする。

ただし，寒冷地用ケーブルの場合は使用条件による温度とすることができる。

解説11　試料温度　曲げ処理は，ケーブル絶縁油の粘度の最も高い使用最低温度の状態において行うことが最も過酷な条件になるので，我が国の平均気温と試料の冷却方法を考慮して定めた。ただし，寒冷地で特殊な条件にある場合はその使用条件に合った値を選ぶ余地を残した。

(2) 曲げ回数

3往復曲げとする。

> 解説12　曲げ試験方法　　曲げる方法は「所要の曲げ直径を有する円筒の外径に沿ってケーブルを徐々に約180度曲げ，次に原位に戻し，さらに反対方向に約180度曲げ，次に原位に戻す。この操作を1往復として曲げ回数3往復を行う」とした。**IEC 60141**-1993（Tests on oil-filled and gas-pressure cables and their accessories）との整合性から曲げ回数は3往復曲げとした。

(3) 曲げ径

曲げ直径は，表2のとおりとする。

表2　曲げ直径

ケーブル種別	曲げ径
単心OFケーブル	20 D
3心OFケーブル	15 D
POFケーブル	25 D

DはOFケーブルにおいてはアルミ被の平均外径とし，
POFケーブルはケーブルコア外径とする。

> 解説13　曲げ径　　OFケーブルは運搬中や布設工事中の曲げ履歴により，絶縁体や金属被などに異常が発生し電気的性能低下を受ける恐れがあるので，これを等価的に代表させる手段として曲げ処理を行い，使用条件に近い状態で試料の耐電圧試験を行うことを規定した。曲げ処理では，上記機械的取扱いによる性能の低下を完全に代表させることは困難であり，また絶縁性能に及ぼす最も大きな影響は小さな曲げ径による曲げの繰り返しにあると考えられるので，曲げ試験径の値は裕度をみて従来どおりケーブル取扱い時の許容曲げ径の約2/3した。なお，参考としてケーブル引入時およびその他の場合のケーブル許容曲げ半径を解説表3に示す。

解説表3　引入時およびその他のケーブル許容曲げ半径

項　目	ケーブル	単　心	3　心
引入時許容曲げ半径	500 kVアルミシース	25 D	−
	275 kVアルミシース	20 D	−
	154 kV以下アルミシース	15 D	12 D
その他許容曲げ半径	アルミシース	15 D	12 D

(注)　上記表は許容曲げ径に一般的に採用される「半径」表記となっている。

5.3　長期課通電試験

試験条件は次のとおりとする。試料のとり方については当事者間の取り決めで実績を考慮して別途定めることとする。

5.3.1　試験条件

(1) 試験電圧の周波数および波形

JEC-0201-1988（交流電圧絶縁試験）の4.4試験電圧による。

(2) 試験時の油圧

実使用時に想定される運転油圧の変動を考慮して，試験期間を通じて最も油圧が下がる（最低温度となる）ときの油圧が，試料の最低許容油圧（または設計最低油圧）となるように油圧設定する。

> 解説14　試験時の油圧　　耐電圧試験では最低許容油圧での試験が一般的であるが，長期試験の場合には温度変化を伴うため，油圧設定の考え方を示した。

(3) ヒートサイクル

通電により試験線路にヒートサイクルを与える。制御時間および回数は当事者間の協議により設定する。

導体到達温度は試験試料の熱的に最も厳しくなる箇所で管理する。なお，使用実態を考慮した外部環境の制御（外部加熱等）も認める。

解説15 制御時間 過去の事例では，275 kV OF および POF 開発試験で 16 時間オン・8 時間オフ，500 kV OF および POF 開発試験で 40 時間オン・8 時間オフ，500 kV 半合成紙 OF 開発試験で 24 時間オン・24 時間オフなどがある。

解説16 回数 目的は金属被に所定の伸縮ひずみを発生させることにあるため，オフセット設計の考え方に基づき，使用期間1年当たり1回のヒートサイクルを模擬し，想定使用年数回実施する例が多い。

5.3.2 試験期間

試験期間は，以下に述べる温度加速と，**5.3.3 試験電圧値**で述べる電圧加速の両方を考慮して適宜決定する。ただし，温度が降下した場合や電圧印加を中断した場合は，引き続いて残り時間分の試験を行うこととする。なお，異種接続部などの検証において固体絶縁部分のみを対象とする場合には，温度加速を考慮しなくてもよい。

試験温度は，油浸紙絶縁体の7℃半減則を用いて，基準温度と使用年数30年および試験期間から式(1)により決定する。ヒートサイクル期間については，計算により基準温度以上の期間をカウントできる。基準温度は65℃とする。

$$試験期間 = \frac{30}{2^M} (年) \tag{1}$$

ここに，$M = \dfrac{試験温度 - 基準温度}{7}$

解説17 試験期間 OF ケーブルの場合，長期課通電試験期間は CV ケーブルのように試験電圧のみでは決まらない。絶縁体の熱劣化を試験中の温度で再現する温度加速も考慮しなければならず，試験期間の決定においてはむしろ支配的といえる。基準温度を 60〜70℃ とし，7℃半減則を適用した場合の試験期間の計算結果を**解説表4**に示す。

解説表4 基準温度と試験期間

基準温度	60（℃）	65（℃）	70（℃）
試験温度100℃の場合（年）	0.57	0.94	1.54
試験温度105℃の場合（年）	0.35	0.57	0.94
試験温度110℃の場合（年）	0.21	0.35	0.57

解説18 試験温度 過去の OF ケーブルの開発試験実績と，**参考2**に示す検討結果から，本規格では7℃半減則を採用することとした。

試験温度については，275 kV OF および POF 開発試験時に**解説表5**のようなデータをもとに，"試験温度としては110℃を最高許容温度とする"との判断がなされている。500 kV OF および POF 開発試験，500 kV 半合成紙 OF 開発試験では，105℃を上限としている。

解説表5 使用温度の絶縁紙への影響

温度 ℃	結論
180	絶縁紙の使用安全度を越す
140	絶縁耐力が急激に低下
130	これ以上で，絶縁紙に炭化の徴候
125	機械強度の点で使用不可
120	これ以上で，セルロース質が分解
115	短時間使用の限度，これ以下で絶縁紙に炭化の徴候なし
110	90日間連続使用差し支えなし
105	イギリス標準最高許容温度，連続12年で強度10％低下
100	25年使用で10％強度減少する

解説19 基準温度 過去の事例では，275 kV OF および POF 開発試験で 70℃，500 kV OF および POF 開発試験で 60℃，500 kV 半合成紙 OF 開発試験で 60℃ が，それぞれ採用されており一定ではない．今回典型的な運転パターンをモデルとして，以下の考え方により 7℃ 半減則に則って運転温度に応じて時間に重みを付けた"等価運転時間"の計算を行い，その値が実際の運転時間に一致するように基準温度を算出した．

通常の使用状態においては，線路の電流値は負荷の状況により変化するため，絶縁体の温度についても変化している．このため，基準温度の設定にあたっては，実使用期間中の温度変化を，7℃ 半減則を考慮してある一定の値に変換する必要がある．このため，ある期間の温度変化を変換する方法について検討する．ある時間 h について温度が T であるとする．この時，7℃ 半減則により温度 T をある温度 T' に変換すると，時間 h' については等価的に $h' = h \times 2^{\left(\frac{T-T'}{7}\right)}$ となる．

ここで，解説図3 のように温度変化している場合を考える．この温度変化をある一定の値 T_0 に変換する場合，温度変化している時間と T_0 に変換した時間が等しくなる必要がある．

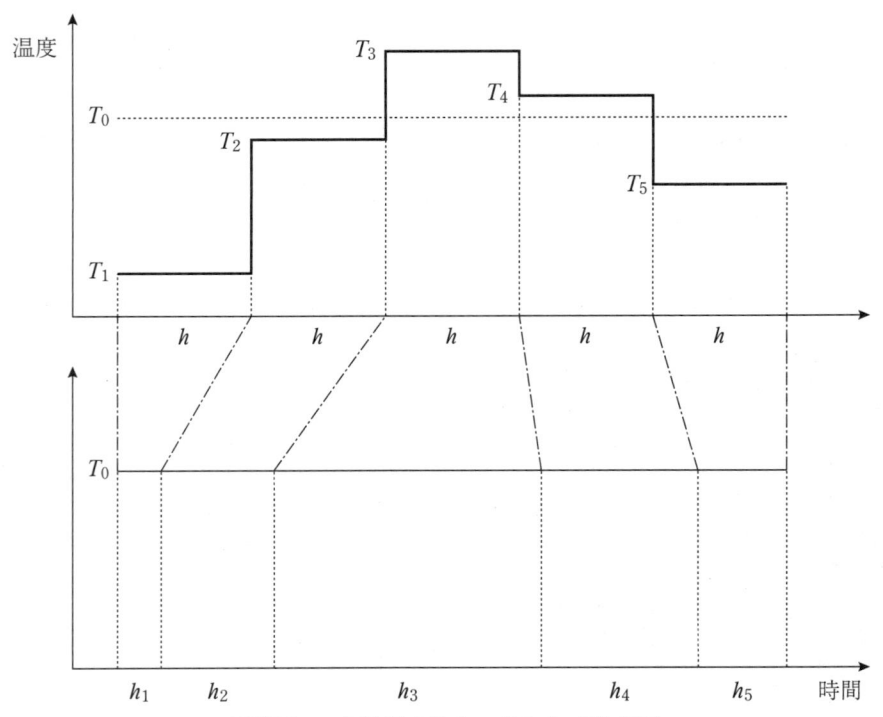

解説図3 基準温度算出の考え方（模式図）

このため，検討している温度変化の時間数を N，時間の刻み幅を h，その時の温度を T_i とし，基準温度を T_0 として各温度 T_i を T_0 に変換した場合の時間を h_i とすると，以下の式が成り立つ．

$$h_i = h \times 2^{\left(\frac{T_i - T_0}{7}\right)}$$
$$\sum h_i = N \times h$$
$$\therefore \sum 2^{\left(\frac{T_i - T_0}{7}\right)} = N$$

基準温度は，上式を満たすように設定すればよいことになる．

国内の電力会社で実運用中の比較的高稼働と思われる線路における計算結果の最高温度が，64.3℃ であったことから，本規格では 65℃ を基準温度として採用することとした．

5.3.3 試験電圧値

試験電圧値は，V-t 特性の n 乗則を用いてケーブル最高電圧と想定使用年数 30 年および試験期間から式(2)により決定する．ここで，n の値は「油浸紙絶縁は 30，固体絶縁は 15」とし，試験電圧は「運転電圧の 1.3 倍」を上限として設定する．

$$試験電圧値 = \left(\frac{30\,年}{試験期間}\right)^{\frac{1}{n}} \times \frac{U_m}{\sqrt{3}} \quad (\text{kV}) \tag{2}$$

解説20 油浸紙絶縁の n 値　n の値としては，電気協同研究第40巻第1号で $n = 68$（解説図4）や，電気四学会連合論文（UHVケーブル用油浸絶縁，昭和55年）で $n = 70$（解説図5）などのデータがある。油浸紙絶縁の $V-t$ 特性は，同データが示しているように短時間特性と長時間特性で差が有る。100時間程度までの短時間で見ると $n = 20$ 程度となるが，その破壊電界強度は高い（60〜70 kV/mm）。月単位および年単位の $n = 70$ 程度を見ても，破壊電界強度は十分高い（40〜50 kV/mm）ため，通常の使用状態（500 kVで16 kV/mm程度）における劣化はほとんどないものと考えられる。現行規格では $n = 30$ を採用しているが，これは上記より $V-t$ 特性上安全側の評価であり妥当と考えられることから，本規格では実績を踏まえて従来値のままとする。

一方，半合成紙では，500 kV半合成紙OF開発試験で $n = 16$ の採用例がある。これは上記の電気四学会連合論文で，実際の性能はクラフト紙と同等の $n = 50$ 以上としながらも275 kV OFの約4年間に亘る長期試験で破壊しなかった事例を最も過酷な評価として採用した結果である。したがって実力としてはクラフト紙と同等と考えられるので，本規格ではクラフト紙と同じ $n = 30$ を採用することとした。

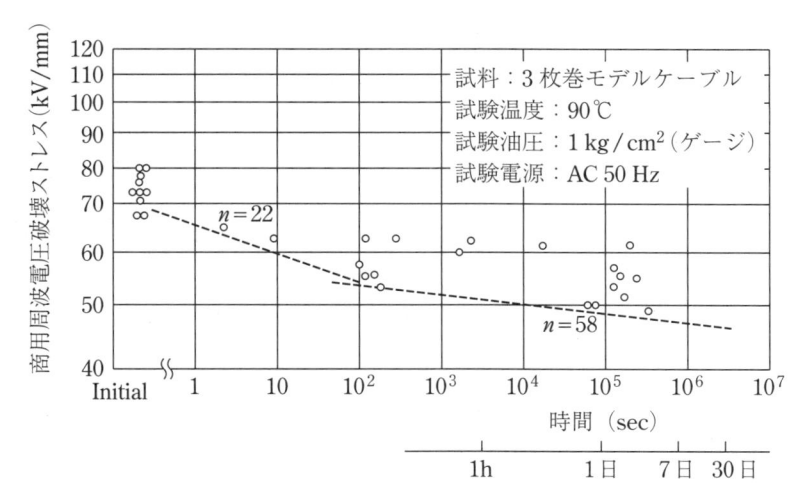

解説図4　油浸紙絶縁（クラフト紙）の $V-t$ 特性

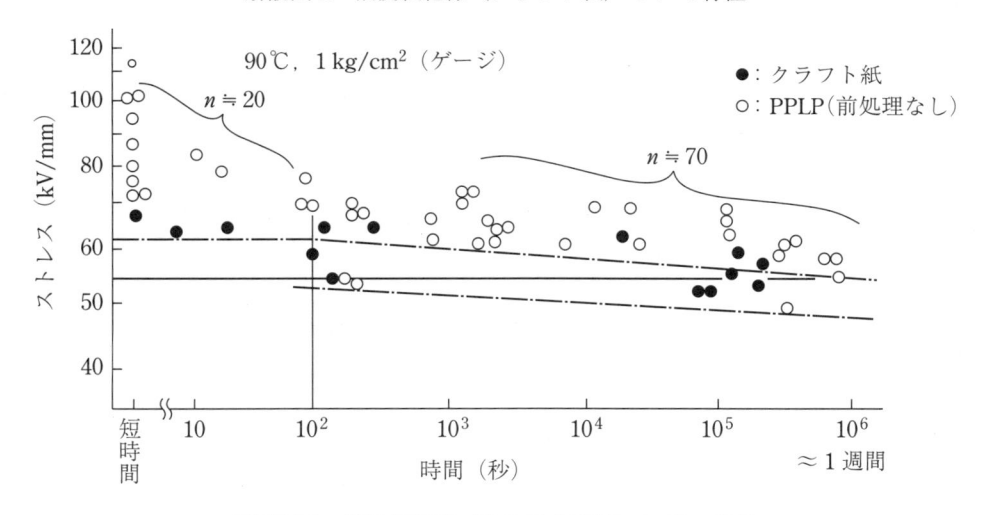

解説図5　油浸紙絶縁（含む半合成紙）の $V-t$ 特性

解説21 固体絶縁の n 値　JEC-3408-1997との整合を考慮して，$n = 15$ とする。したがって，エポキシ樹脂部品などの固体絶縁部を含む付属品の評価を含む長期課通電試験では，$n = 15$ を適用する。

解説22 試験電圧値　過去の事例では，275 kV OFおよびPOF開発試験で1.0〜1.26倍，500 kV OFおよびPOF開発試験で1.05〜1.26倍，500 kV半合成紙OF開発試験で1.0〜1.25倍となっている（いずれも U_m 基準に換算済み）。OFケーブルの n 値は大きく，解説図4および5に示すとおり時間域依存性があるため，長期課通電試験を短時間で行うことは適当ではないと考えられることから，過去の試験実績を踏まえて試験電圧に制限を設けることとした。

解説23 開発試験条件の決定プロセス

(1) 開発試験対象に求められる試験項目（電圧加速および温度加速）を決定する。

開発試験の実施が必要となる場合の試験条件の考え方を**解説表6**にまとめた。開発対象品が下記ケースの複数にまたがる場合には，厳しい条件を共通の試験条件として採用するものとする（温度加速の要否が混在する場合には要，劣化係数が混在する場合には $n=15$ を採用する）。

解説表6 試験条件の考え方

ケース	開発試験対象	適用例	n値	温度加速
1	OFケーブル	新規絶縁（紙，油）によるケーブル	30	必要
2-1	接続部 油浸紙絶縁部分	同上用NJおよびIJ	30	必要
2-2	接続部 固体絶縁部分	エポキシユニット形SJ （高電界強度設計，新エポキシ材料など）	15	不要
		異種接続部（OF側は従来設計であるが，エポキシユニットCV側界面などが高電界強度設計の場合）	15	
3	接続部 油浸紙・固体絶縁部分	異種接続部でコンパクト化を図った場合にOFおよびCV両側とも従来にない設計電界強度となった場合など	15	必要

(2) 試験期間を決定する。

温度加速条件（式(1)）および電圧加速条件（式(2)）より，試験期間を別々に算出し，より長い方を試験期間とする。温度加速が不要であれば，電圧加速条件だけで決定する。その際，温度上限および電圧上限を考慮する（解説18, 22）。

例：500 kV OFケーブルの長期試験条件の計算

解説表7 温度条件計算例

Step	試験温度	試験期間	備考	等価年数
1	101℃	10か月	基準温度65℃	29.4
2	RT～95℃	2か月	HC 30回（1サイクル／2日）	0.8
		合　計		30.2

解説表8 電圧条件計算例

Step	試験電圧値	試験期間	備考	等価年数
1	356 kV	12か月	約 $1.12 \times \dfrac{U_m}{\sqrt{3}}$ による加速試験	30.0

(注) 温度条件および電圧条件の設定は，等価年数の合計がほぼ等しくなるように調整する。

5.3.4 記録する項目

課電電圧値，通電電流，指定部位の温度を記録する。また，試験期間を通じて3回以上（試験開始時，終了時を含む），誘電正接温度特性試験（課電電圧が変化する場合には，電圧切替時に電圧特性を測定する）と各接続部の絶縁油分析を実施する。

(1) 温度の記録

課電状態で導体温度を直接測定することは困難であるため，別試料で導体温度を測定する，あるいは導体温度を理論的に推定できる部位の温度を測定する。

(2) 誘電正接温度特性の記録

試験条件は**5.4**と同じとする。

(3) 絶縁油分析

ガス分析：H_2, C_2H_2, CO, CO_2, CH_4, C_2H_6, C_2H_4, C_3H_8, C_3H_6, N_2, O_2

電気特性：絶縁破壊強度，体積抵抗率，誘電正接

物理特性：全酸化，油中水分量

プラスチック溶解量（半合成紙のみ）

5.3.5 判　定

以上の長期課通電試験において，試料は絶縁破壊を起こしてはならない。

5.4 誘電正接温度特性試験

5.4.1 試験条件

試験試料は，**5.3**の試験を終了した試料から次のとおりに供試する。

ケーブル：66 kV 〜 154 kV 有効試料長 5m 以上，187kV 〜 500kV 有効試料長 10m 以上

接続部：必要数

(1) 測定温度

66 kV，77 kV：常温，40℃，60℃，70℃，80℃，90℃

110 kV 〜 500 kV：常温，40℃，60℃，70℃，85℃，95℃

> **解説24 測定温度**　本試験は，ケーブル使用温度範囲において，誘電正接値が規格値以下であることを確認するために行う。したがって，測定温度範囲は常温〜短時間導体許容温度とし，その間の測定温度は温度特性カーブが滑らかに描けることを考慮して定めた。
>
> **解説25 低温領域**　誘電正接値は，20℃未満の低温領域で増加する傾向にある（参考4）が，低温領域では誘電正接による温度上昇幅が増加しても実用上問題にはならない。したがって，20℃未満で判定値を外れても，20℃相当では判定値以内であると判断できる場合には，合格と判断するのが設計合理化の観点からは妥当である。
>
> 　IEC-60141-1993では1℃毎に2%の割合で換算する方法を採用しているが，国内で使用している絶縁紙のデータが少なく，換算値として妥当かどうか判断するのは困難である。したがって，誘電正接温度特性試験においては，特性カーブから20℃での値を判断する方法が妥当である。

(2) 油　圧

誘電正接温度特性試験は，そのケーブルの最低許容油圧付近の状態において行う。ただし試験を簡便にするため，最低許容油圧の高いケーブルの場合には，最低許容油圧以下の状態で試験することができる。

(3) 試験方法

導体とアルミ被間に，表3および表4に示す商用周波電圧を加え，シェーリングブリッジ法にて測定する。

5.4.2 試験電圧値と判定値

試験電圧値と判定値を表3，表4に示す。

表3 OFケーブルの試験電圧値と判定値

公称電圧 kV	試験電圧値 kV	誘電正接 %	両電圧の測定値差 %
66	38	0.4 以下	0.1 以下
	76	0.4 以下	
77	44	0.4 以下	0.1 以下
	89	0.4 以下	
110	64	0.25 以下	0.1 以下
	127	0.30 以下	
154	89	0.25 以下	0.1 以下
	178	0.30 以下	
187	108	0.25 以下	0.1 以下
	216	0.30 以下	
220	127	0.22 以下	0.1 以下
	254	0.25 以下	
275	159	低損失紙：0.22 以下 半合成紙：0.12 以下	0.1 以下
	318	低損失紙：0.25 以下 半合成紙：0.14 以下	
500	305	半合成紙：0.09 以下	0.015 以下
	500	半合成紙：0.10 以下	

表4 POFケーブルの試験電圧値と判定値

公称電圧 kV	試験電圧値 kV	誘電正接 %	両電圧の測定値差 %
77	44	0.4 以下	0.1 以下
	89	0.4 以下	
110	64	0.25 以下	0.1 以下
	127	0.30 以下	
154	89	0.25 以下	0.1 以下
	178	0.30 以下	
220	127	0.22 以下	0.1 以下
	254	0.25 以下	
275	159	低損失紙：0.22 以下 半合成紙：0.15 以下	0.1 以下
	318	低損失紙：0.22 以下 半合成紙：0.17 以下	

解説26 試験電圧値 試験電圧値は，$\frac{U}{\sqrt{3}}$（対地電圧）と $\frac{2U}{\sqrt{3}}$ を基準とし，$\frac{2U}{\sqrt{3}}$ が出荷耐電圧値を超える500 kV については，$\frac{U}{\sqrt{3}}$ と出荷耐電圧値とした。POFの公称電圧については，国内実績を参考に決定した。

解説27 長期試験中の測定 長期試験中の誘電正接温度特性試験は，試験設備の関係上，課電電圧に限度があること，また誘電正接温度特性試験の目的が試験中の劣化度合の監視であることから，課通電試験電圧で測定しても良いものとする。

解説28 判定値 判定値は従来の実績より，ケーブルが固有の特性として超えないと考えられる値として定めた。275 kV 以下 OF については電力用規格の値を踏襲し，POF および 500 kV OF については国内実績を参考に決定した。また，国内の一部の規格は，判定値を測定温度により変えているものがあるが，本規格では電力用規格の考え方に統一した。

5.5 雷インパルス耐電圧試験

5.5.1 試験条件

試験試料は，**5.3** の試験を終了した試料から次のとおりに供試する。

ケーブル：66 kV ～ 154 kV 有効試料長 5 m 以上，187 kV ～ 500 kV 有効試料長 10 m 以上

接続部：必要数

(1) 試験電圧の波形

試験電圧の波形は **JEC-0202**-1994（インパルス電圧・電流試験一般）に規定されている標準雷インパルス電圧とする。ただし試験設備の関係で標準波頭長が得られない場合は，波頭長について 0.5 μs ～ 5 μs までの波形裕度を認める。

解説 29　試験電圧の波形　試料の静電容量が大きく電圧が比較的高い場合には，試験設備の関係で標準波頭長が得られないこともあるため，0.5 μs ～ 5 μs までの波形裕度を認めることとした。

(2) 試験時の温度

試料の導体温度は常温（常温試験）または高温（高温試験）とする。

解説 30　試験時の温度　試験時の温度については **JEC-3408**-1997 との整合も考慮し，常温，高温ともに可能とした。

(3) 試験時の油圧

雷インパルス耐電圧試験はそのケーブルの最低許容油圧付近の状態において行う。ただし，試験を簡便にするため最低許容油圧の高いケーブルの場合には最低許容油圧以下の状態で試験することができる。

解説 31　試験時の油圧　OFケーブルの雷インパルス破壊電圧値に対する油圧の影響は低油圧と高油圧でも 2% ～ 3% 以下に過ぎず，実用上この差は問題ないが，ケーブルの取扱い上負圧となることは好ましくないので，試験時の油圧は最低許容油圧付近とした。なお最低許容油圧の高いケーブルについては試験の簡便性と特性上安全側にあることを考慮して，最低許容油圧以下で試験することを認めた。

5.5.2 試験電圧値

試験電圧値は次式により求める。**表 5** にその結果を示す。なお，温度係数 K_2' については常温試験時に適用する。

$$\text{試験電圧値} = \text{LIWV} \times K_2' \times K_3' \text{ (kV)} \tag{3}$$

ここに，LIWV：機器の雷インパルス試験電圧値

K_2'：温度係数 (1.1)

K_3'：裕度 (1.1)

表 5　雷インパルス試験電圧値　　　　　　単位 kV

公称電圧	66	77	110	154	187	220	275	500
常温試験電圧値	420	480	660	900	900	1 080	1 260	1 880
高温試験電圧値	385	440	605	825	825	990	1 155	1 710
LIWV	350	400	550	750	750	900	1 050	1 550

解説 32　雷インパルス耐電圧試験値　雷インパルス耐電圧試験は試料試験で全長を検証し，また製造初期の試験で使用期間を通じての性能を検証するため，LIWV と試験電圧値との間に何らかの裕度を考慮する必要がある。一方，試料の長さ効果を統計的に行う方法としてケーブルの場合ワイブル分布を用いる方法が提唱されているが，現在ではワイブル手法により抜取り試料試験と全長検証との関係を十分合理的に評価することは難しい。また布設時に受ける機械的な力に対しては，その中で最も厳しいと考えられる曲げによる機械的な力を試料に加えて代表させているが，実際の運転温度域をカバーする熱挙動を含めたものでは

ない。以上の理由から裕度 K_3' を 10% 見込むこととした。

温度係数 K_2' については，275 kV OF ケーブルの従来の実績からケーブルの常温と高温との耐電圧の差が 10% 前後と推定されるので，ケーブルおよび接続部について 10% 見込むこととした。

しかし，275 kV 未満については旧規格（**JEC-3401**-1986）の考えを踏襲して，常温試験電圧値は，LIWV × 1.2 とした。

解説33 雷インパルス耐電圧試験によって検証する絶縁強度　絶縁協調において，どの機器でも同じ値を雷インパルス絶縁強度とする考え方は変わりつつあり，それぞれの機器において使用条件から検証すべきレベルを設定すべきであるとの考え方が支配的になりつつある。一方，ケーブル内に侵入する雷サージ電圧は，雷撃条件や回路条件によって著しく相違し，一義的には決められない。以上の理由から，我が国の各種規格における雷インパルス試験電圧値が **JEC-0102**-1994（試験電圧標準）の機器の雷インパルス試験電圧値を基準として選定されている事実，系統の主要機器である変圧器の雷インパルス試験電圧値との均衡ならびに系統の絶縁協調を考慮して，**JEC-0102**-1994 の機器の雷インパルス試験電圧値をもって布設後におけるケーブル系統の雷インパルス試験電圧値とした。

解説表 9 に **JEC-0102**-1994 に基づいた機器の雷インパルス試験電圧値および電気学会技術報告第 990 号（66～154 kV（非有効接地系統）の絶縁合理化の可能性，2004）に記載されている低減 LIWV 値を示す。同表においては機器の雷インパルス試験電圧値は各公称電圧において複数立てとなっているが，ケーブルの絶縁設計においては試験電圧値を一本化することによりケーブル絶縁厚の統一化が図れるメリットがあることから，ケーブル系統における雷インパルス試験電圧値は同表の最大値より算出するものとする。ただし 500 kV については過去の実績等を考慮して 1 550 kV を採用する。

なお，系統ごとに個別検討をして低減 LIWV の採用が可能な場合は低減 LIWV を採用して算出してもよいものとする。

解説表 9　LIWV および低減 LIWV　　　　　単位 kV

公称電圧	66	77	110	154	187	220	275	500
LIWV	350 (300) (250)	400 (350) (300)	550 (450)	750 (650)	750 650	900 750	1 050 950	1 800 1 550 1 425 1 300

（　）は，電気学会技術報告第 990 号に記載されている低減 LIWV 値

5.5.3　試験電圧の極性および印加回数

正負両極性とし，印加回数は各 3 回とする。

解説34 試験電圧の極性　送電系統に発生する直撃雷サージの多くは負極性であるが，冬季雷については正極性が多く，その大きさも負極性の雷とそれほど差異がない。また OF ケーブルについては極性特性があるものの，国際規格では正負両極となっている点を考慮し正負両極の試験とした。

印加回数については従来実績および **JEC-0102**-1994 にあわせて 3 回とした。

5.5.4　判　　定

以上の雷インパルス耐電圧試験において，試料は絶縁破壊を起こしてはならない。ただし，終端接続部においてがい管表面または試験用ケース内でフラッシオーバした場合は，なんらかの処理を行うことができる。

なお再試験は，フラッシオーバ前の印加回数の残りの回数を行えばよい。

解説35 再試験について　気中終端接続部および機器直結形終端接続部においては，がい管表面または試験用ケース内でフラッシオーバする場合が起こりうる。前者のがい管の選択は主に汚損を考えた外部条件によって行われ，後者の機器寸法は機器自体の絶縁協調から決定されているためである。よってがい管表面または試験用ケース内でフラッシオーバした場合に不合格とするのは上記の理由で適当でなく，またその時点で試験終了とするとがい管内部の絶縁の保証がされたことにならないので，この場合には何らかの処理を行って再試験を行うことができることとした。またフラッシオーバ前に所定の試験電圧が印加されている場合には，残りの印加回数を実施すればよいこととした。

5.6 商用周波耐電圧試験

5.6.1 試験条件

試験試料は **5.5** の試験を終了した試料から次のとおりに供試する。

ケーブル：66 kV ～ 154 kV 有効試料長 5 m 以上，187 kV ～ 500 kV 有効試料長 10 m 以上

接続部：必要数

(1) 試験電圧の波形

　JEC-0201-1988 の 4.4（試験電圧）による。

(2) 試験時の温度

　常温とする。

(3) 試験時の油圧

　OF ケーブルの場合には，0.15 MPa 以下とする。ただし，試験を簡便にするため最低許容油圧の高いケーブルの場合には最低許容油圧以下の状態で試験することができる。

5.6.2 試験時間

試験時間は 10 分間とする。

解説 36　試験時間　　従来からの実績を考慮して 10 分間とした。

5.6.3 試験電圧値

商用周波耐電圧試験電圧値は表 6 のとおりとする。

表 6　試験電圧値　　　　　　　　　　　単位 kV

公称電圧	66	77	110	154	187	220	275	500
ケーブル最高電圧	72	84	120	168	204	240	300	550
試験電圧値	100	110	160	220	220	260	330	500

(注)　解説 44 参照

5.6.4 判　定

以上の商用周波耐電圧試験において，試料は絶縁破壊を起こしてはならない。

6. 形 式 試 験

　形式試験は，ある形式製品の設計・製造および施工方法を認定するために行うものである。具体的には，所定の商用周波電圧に対する寿命を有すること，および系統上に発生する過電圧に耐えることを，商用周波長時間耐電圧試験と雷インパルス耐電圧試験によって検証する。また，油浸絶縁体の構造上・製造上の不具合が無いことを確認するために，誘電正接温度特性試験を実施する。

　なお，接続部については施工方法が品質に与える影響が大きいため，現地施工条件を模擬して組み立てた試料で試験を行う。

6.1 試験項目

形式試験項目は，次のとおりとする。

- 誘電正接温度特性試験
- 雷インパルス耐電圧試験
- 商用周波長時間耐電圧試験

6.2 試験試料

66 kV～154 kV では有効電極長 5 m，187 kV～500 kV では有効電極長 10 m 以上となる試料ケーブル 1 本をとり，**5.2** 項に示す曲げ操作を施す。

6.3 誘電正接温度特性試験

6.3.1 試験条件

5.4.1 試験条件と同じとする。

6.3.2 試験電圧値と判定値

5.4.2 試験電圧値と判定値と同じとする。

6.4 雷インパルス耐電圧試験

6.4.1 試験条件

5.5.1 試験条件と同じとする。

6.4.2 試験電圧値

5.5.2 試験電圧値と同じとする。

6.4.3 試験電圧の極性および印加回数

5.5.3 試験電圧の極性および印加回数と同じとする。

6.4.4 判 定

5.5.4 判定と同じとする。

6.5 商用周波長時間耐電圧試験

6.5.1 試験条件

(1) 試験電圧の周波数および波形

JEC-0201-1988 の 4.4 試験電圧による。

解説37 試験電圧の周波数および波形　JEC-3408-1997 の試験条件と同様の内容に合わせた。

(2) 試験時の温度

試験は常温で行う。

解説38 試験時の温度　OF ケーブルは使用温度範囲内では商用周波耐電圧特性の変化が顕著でないこと，長時間耐電圧試験では誘電体損失によって必然的にケーブルの温度上昇があり，その調節が困難であることなどを考慮して従来どおり常温試験とする。

(3) 試験時の油圧

OF ケーブルの場合には，0.15 MPa 以下とする。ただし，試験を簡便にするため最低許容油圧の高いケーブルの場合には最低許容油圧以下の状態で試験することができる。

解説39 試験時の油圧　OF ケーブルの商用周波破壊電圧値はゲージ油圧の増加とともに上昇する特性をもつので，最も過酷な最低許容油圧で試験を行うことが妥当であるが，ケーブルの取扱い上負圧となることは好ましくないため，試験時の油圧は最もレベルの高い位置の油圧を 0.15 MPa 以下とした。

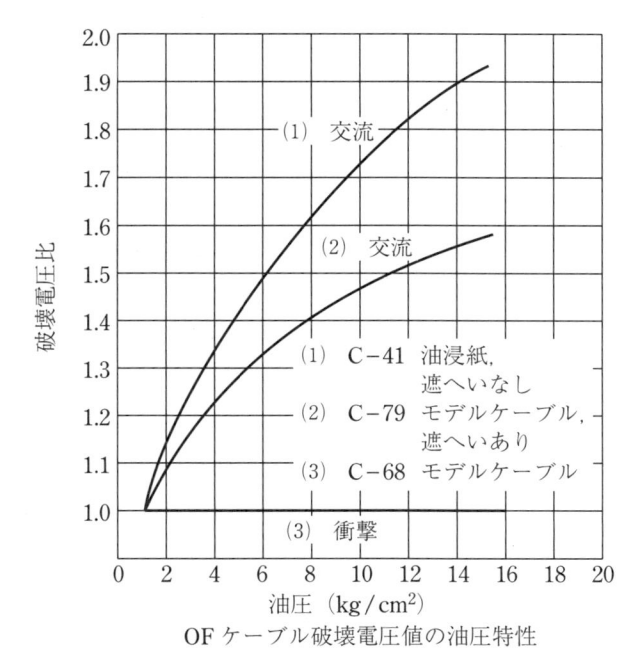

OFケーブル破壊電圧値の油圧特性

解説図6 電気学会技術報告第63号（OFケーブルの高電圧試験法に関する推奨案，昭和39年）

6.5.2 試験電圧の印加時間

商用周波長時間耐電圧試験は，6.5.3項の電圧を3時間印加する。

ただし，継続的に3時間印加できず途中で中断する場合は，課電時間をその中断時間の合計分だけ延長するものとする。

この場合，中断時間の合計は30分を超えてはならない。

解説40 試験電圧の印加時間　絶縁体の安全性を確認するという意味ではできるだけ長い方が良いと考えられるが，旧規格（**JEC-3401**-1986）制定時に試験時間が3時間に短縮されており，その後現在に至るまで故障などの問題が発生していないこと，および下記の理由から従来どおり3時間とした。
(1) 商用周波長時間試験時の累積破壊確率は昇圧後から3時間で飽和する（**解説図7**参照）。
(2) 商用周波耐電圧の温度による変化は顕著でない。
(3) 絶縁油の破壊電界強度は高温でも低下しない。

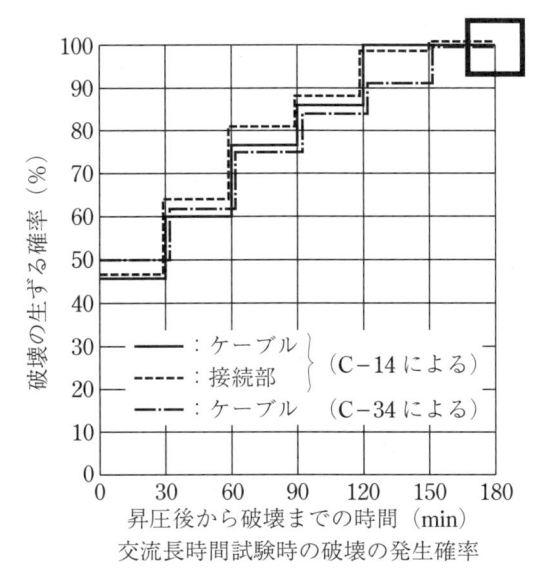

交流長時間試験時の破壊の発生確率

解説図7 電気学会技術報告第63号（OFケーブルの高電圧試験法に関する推奨案，昭和39年）

また，継続的に印加しなかった時のただし書きについては，海外の OF ケーブル規格 **AEIC CS4**-1993（Specifications for Impregnated-Paper-Insulated Low and Medium Pressure Self-Contained Liquid Filled Cable）にその規定があるので参考にした。

6.5.3 試験電圧値

ケーブルおよび接続箱の商用周波長時間耐電圧試験値は表 7 のとおりとする。

表 7　商用周波長時間耐電圧試験値　　　　　　　　　　単位 kV

公称電圧	66	77	110	154	187	220	275	500
長時間耐電圧試験値	90	100	150	200	240	280	350	660

解説41　商用周波長時間試験電圧値　　試験電圧値は，ケーブルを長期に亘って使用する間，常規対地電圧に対して十分安定した絶縁性能をもっていることを確認する電圧として，油浸紙絶縁の耐電圧時間特性（V–t 特性）を考慮して以下の式で算出する。

$$商用周波長時間耐電圧試験値 = \frac{U_m}{\sqrt{3}} \times K_1 \times K_4 \times K_5$$

ここに，U_m：ケーブル最高電圧（kV）

K_1：時間換算係数（1.5）

　　　ケーブルの n 値を 30 とした場合，30 年を 3 時間に換算すると 1.46 倍となるため，時間換算係数を 1.5 とした。

K_4：抜取り試験に対する安全率（1.1）

　　　抜取り試験であることの危険率を主なものとして，全体としての安全率を従来のように 10% 考慮する。

K_5：その他係数（1.25）

　　　将来，部分放電試験で欠陥検出する場合は係数の見直しも考えられるが，耐電圧試験のみで実施している実績を考慮し，従来どおり裕度を設けることとした。一般に部分放電開始電圧に比べて放電消滅電圧は 10 〜 20% 低い。したがって，その他係数を 1.1 〜 1.2 程度は考えておく必要があることから，旧規格（**JEC-3401**-1986）に合わせ 1.25 とした。

6.5.4　判　　定

以上の商用周波長時間耐電圧試験において試料は絶縁破壊を起こしてはならない。

7.　受　入　試　験

本試験は，出荷製品が形式試験供試品と同等の製造・品質管理状態であることを確認するために行うものである。具体的には，出荷製品が布設後発生しうる交流過電圧に耐えることを出荷耐電圧試験によって，絶縁体に特性的な異常のないことを確認するために誘電正接試験によって，それぞれ検証するものである。

7.1　出荷耐電圧試験

7.1.1　試験条件

ケーブルは出荷製品全数とする。なお当事者間の取り決めにより，出荷製品長に切り分けない状態で試験を行っても良い。

（1）　試験電圧の波形

JEC-0201-1988 の 4.4（試験電圧）による。

（2）　試験時の温度

常温とする。

解説 42　試験時の温度　実用上高温での試験が困難であることから常温で行うこととした。

(3) 試験時の油圧

OF ケーブルの場合には，0.15 MPa 以下とする。ただし，試験を簡便にするため最低許容油圧の高いケーブルの場合には最低許容油圧以下の状態で試験することができる。

7.1.2　試験時間

試験時間は 10 分間とする。

解説 43　試験時間　従来の実績を考慮して 10 分間とした。

7.1.3　試験電圧値

試験電圧値は表 8 のとおりとする。

表 8　試験電圧値　　　　　　　　　　　　　単位 kV

公称電圧	66	77	110	154	187	220	275	500
ケーブル最高電圧	72	84	120	168	204	240	300	550
試験電圧値	100	110	160	220	220	260	330	500

解説 44　試験電圧値の決定　本試験は，出荷製品が規定の品質管理レベルにあることを電気的に確認するために行うもので，必要以上の高い電圧を課電して製品に損傷を与えたり，寿命をむやみに消費したりすることは避けなければならない。そこで，試験電圧値は，ケーブル布設後印加が予想される最も高い交流課電圧および持続時間を n 乗則を用いて試験時間に換算した値を考慮して求めることとした。

試験電圧値は次により求めた。

$$出荷試験耐電圧値 = U_m \times C_1 \times K_3$$

ただし，U_m：ケーブル最高電圧
　　　　C_1：耐電圧試験倍数
　　　　K_3：不確定要素に対する裕度

ここで　$C_1 = k_1 \times k_2 \times k_3 \times k_4$
　　　　k_1：一線地絡時の健全相の電圧上昇倍率
　　　　k_2：時間換算係数（事故除去時間を V–t 特性から 10 分換算）
　　　　k_3：負荷遮断時の電圧上昇倍数
　　　　k_4：機器の耐電圧試験裕度

各係数の算出は電気学会技術報告第 527 号（ケーブル系統における過電圧と評価，1994 年）によった。

k_1：一線地絡時の健全相の電圧上昇倍率

66～154 kV 系統：OF ケーブルについては，旧規格（**JEC-3401**-1986）に規定されているが，これは **JEC-169**-1965 をそのまま踏襲したものである。

JEC-169-1965 は，電気設備技術基準を参考に決められたもので，これは機器を対象として電気学会技術報告第 41 号（中性点直接接地系統の機器および電力回路の絶縁耐力について，1960 年）のなかに参考として記載されている，富士らの意見に基づいて決められたものである。なお，富士らの意見では線間電圧の 1.0 倍となっている（対地電圧に対して 1.73 倍，$k_1 = \dfrac{1.73}{\sqrt{3}}$）。

187～275 kV 系統：66～154 kV 系統と同様に旧規格（**JEC-3401**-1986）に基づき $k_1 = \dfrac{1.4}{\sqrt{3}}$ を採用している。

500 kV 系統：旧規格（**JEC-3401**-1986）に規定されており，架空系統を対象とした 500 kV の解析結果から電圧上昇倍率が 1.3 倍を超えることがないとして，$k_1 = \dfrac{1.3}{\sqrt{3}}$ と決められている。

この解析結果は電気学会技術報告Ⅱ部第 49 号（500 kV 系統の過電圧特性，1976 年）にまとめられている。

k_2：時間換算係数

時間換算係数は，一線地絡事故除去時間と試験時間（10分間）を元にOFケーブルのV–t特性より算出している．一線地絡事故除去時間は，旧規格（**JEC-3401**-1986）の値を採用した．

　　275 kV以下の系統：2秒

　　500 kV系統：0.4秒

V–t特性係数（n値）

　　解説図4および**5**に示される，OFケーブルの短時間領域の近似値である$n=20$を採用した．

　　275 kV以下の系統：$k_2 = \left(\dfrac{2\,秒}{600\,秒}\right)^{\frac{1}{20}} = 0.75$

　　500 kV系統：$k_2 = \left(\dfrac{0.4\,秒}{600\,秒}\right)^{\frac{1}{20}} = 0.69$

k_3：負荷遮断時の電圧上昇倍数

　　66～77 kV系統：旧規格（**JEC-3401**-1986）にも記載されているが，電気学会技術報告第41号において，$k_3 = 1.35$が採用されている．

　　154～275 kV系統：66～77 kV系統と同じく，$k_3 = 1.35$が採用されている．

　　500 kV系統：旧規格（**JEC-3401**-1986）にあるように，受電端で負荷開放後，送電端で高速遮断すると，送電端で1.3倍以下，受電側開放線路端で1.35倍以下と想定されている．最高電圧が送電端で与えられていることを考慮して$k_3 = 1.3$とする．

k_4：機器の耐電圧試験裕度

　　旧規格（**JEC-3401**-1986）と同じく電気学会技術報告第41号に示されている数値を採用した．

　　66～154 kV系統（高抵抗接地）：$k_4 = 1.14$

　　187～500 kV系統（直接接地）：$k_4 = 1.2$

以上の係数を表にまとめると**解説表10**のとおりとなる．

解説表10　商用周波耐電圧試験倍数

公称電圧 kV	66	77	110	154	187	220	275	500
ケーブル最高電圧 kV	72	84	120	168	204	240	300	550
k_1	\multicolumn{4}{c}{$\dfrac{1.73}{\sqrt{3}}$}				
k_2								
k_3								
k_4								
C_1								
K_3								
$C_1 \times K_3$								

公称電圧 kV	66	77	110	154	187	220	275	500
k_1	$\dfrac{1.73}{\sqrt{3}}$	$\dfrac{1.73}{\sqrt{3}}$	$\dfrac{1.73}{\sqrt{3}}$	$\dfrac{1.73}{\sqrt{3}}$	$\dfrac{1.4}{\sqrt{3}}$	$\dfrac{1.4}{\sqrt{3}}$	$\dfrac{1.4}{\sqrt{3}}$	$\dfrac{1.3}{\sqrt{3}}$
k_2	0.75	0.75	0.75	0.75	0.75	0.75	0.75	0.69
k_3	1.35	1.35	1.35	1.35	1.35	1.35	1.35	1.30
k_4	1.14	1.14	1.14	1.14	1.2	1.2	1.2	1.2
C_1	1.15	1.15	1.15	1.15	0.98	0.98	0.98	0.81
K_3	1.1	1.1	1.1	1.1	1.1	1.1	1.1	1.1
$C_1 \times K_3$	1.265	1.265	1.265	1.265	1.078	1.078	1.078	0.891

解説45　POFケーブルの出荷耐電圧試験　　POFケーブルは，現地施工時に張力や側圧，工事期間中の脱油など様々な履歴を受ける．そのような履歴のないケーブルを工場にて試験をした結果をもって「現地試験合理化」の理由とすることは難しく，かつ長尺のPOFケーブルを所定の圧力まで加圧して全長の出荷耐電圧試験を行う設備がないのが実情でもある．したがって，POFケーブルの全数試験は従来どおり，布設後の現地試験をもって代用することとした．

7.1.4　判　定

以上の耐電圧試験において，試料は絶縁破壊を起こしてはならない．

7.2　誘電正接試験

7.2.1　試験条件

ケーブルは出荷製品全数とする．なお当事者間の取り決めにより，出荷製品長に切り分けない状態で試験を行ってもよい．

（1）測定温度

　　常温とする．

解説46　低温領域　　測定温度20℃未満で判定値を外れた場合には，形式試験時の誘電正接温度特性カーブと比較することで，20℃での値を推定し判断する方法が妥当である。

(2) 油　圧

OFケーブルの誘電正接温度特性試験は，そのケーブルの最低許容油圧付近の状態において行う。ただし試験を簡便にするため，最低許容油圧の高いケーブルの場合には，最低許容油圧以下の状態で試験することができる。

ただし，POFケーブルの場合は加圧無しで実施する。

解説47　POFの油圧　　POFの場合，出荷試験での加圧は不可能であるため，加圧無しとした。

(3) 試験方法

導体とアルミ被間に商用周波電圧を加え，シェーリングブリッジ法にて測定する。

7.2.2　試験電圧値と判定値

試験電圧値と判定値を表9，表10に示す。

表9　OFケーブルの試験電圧値と判定値

公称電圧 kV	試験電圧値 kV	誘電正接 %	両電圧の測定値差 %
66	38	0.4 以下	0.1 以下
	76	0.4 以下	
77	44	0.4 以下	0.1 以下
	89	0.4 以下	
110	64	0.25 以下	0.1 以下
	127	0.30 以下	
154	89	0.25 以下	0.1 以下
	178	0.30 以下	
187	108	0.25 以下	0.1 以下
	216	0.30 以下	
220	127	0.22 以下	0.1 以下
	254	0.25 以下	
275	159	低損失紙：0.22 以下 半合成紙：0.12 以下	0.1 以下
	318	低損失紙：0.25 以下 半合成紙：0.14 以下	
500	305	半合成紙：0.09 以下	0.015 以下
	500	半合成紙：0.10 以下	

表10 POFケーブルの試験電圧値と判定値

公称電圧 kV	試験電圧値 kV	誘電正接 %	両電圧の測定値差 %
77	8	0.40 以下	−
	40		
110	11	0.30 以下	−
	54		
154	12	0.30 以下	−
	56		
220	16	0.25 以下	−
	77		
275	低損失紙：16 半合成紙：13 低損失紙：77 半合成紙：65	低損失紙：0.22 以下 半合成紙：0.20 以下	−

解説48 試験電圧値　試験電圧値は，$\dfrac{U}{\sqrt{3}}$（対地電圧）と $\dfrac{2U}{\sqrt{3}}$ を基準とし，$\dfrac{2U}{\sqrt{3}}$ が出荷耐電圧値を超える 500 kV については，$\dfrac{U}{\sqrt{3}}$ と出荷耐電圧値とした。POF の公称電圧については，国内実績を参考に決定した。

解説49 POF の試験電圧値　POF の出荷試験においては，金属被が無いため油圧を加えることは困難である。油浸紙絶縁の絶縁破壊強度は，油圧の低下とともに低下する。したがって，絶縁体劣化を考慮すると，加圧無しで高電圧を印加することは避けるべきである。

　　AEIC CS2-1997（Specification for Impregnated Paper and Laminated Paper Polypropylene Insulated Cable High-Pressure Pipe-Type）では，出荷試験での誘電正接測定電圧（測定時の電界強度）を下記の値としており，国内の実績も大部分がこの値に準拠している。したがって当規格においても，測定電圧は **AEIC** 規格を考慮して決定した。

　　低電圧測定時 20 V/mil = 0.79 kV/mm
　　高電圧測定時 100 V/mil = 3.94 kV/mm

参　　　考

参考1. 開閉インパルス耐電圧試験

開閉過電圧に対する性能は，雷インパルス耐電圧試験で検証可能であることから，本規格では開閉インパルス耐電圧試験を規定せず，参考として位置づけた。しかし，今後ケーブル系統に侵入する雷過電圧値は，高性能避雷器の適用などにより低減されていくことが想定され，その際の開閉過電圧に対する性能は，開閉インパルス耐電圧試験により確認する必要がある。

ここで，電気学会技術報告（Ⅰ部）96号（OFケーブルの開閉インパルスに対する絶縁強度，昭和45年）を見ると，開閉インパルス破壊強度と雷インパルス破壊強度の比（IR）について，**参考表1**のような結果が得られており，これからIR＝0.85として低減LIWVの最小値（**5.5.2**参照）を採用しても開閉過電圧試験値（SIWV）を上回ることが**参考表2**により確認できる。

今後も雷過電圧値には留意する必要があるが，本規格制定時においては，上記検討結果より開閉インパルス耐電圧試験を参考としても問題ない。

参考表1　試験体による絶縁強度比

試験体	IR
油浸紙のシート	0.85～1.2
実ケーブル（負極性）	0.85～1.2
実ケーブル（正極性）	1.0～1.15

$$IR = \frac{\text{開閉インパルス破壊強度 (kV/mm)}}{\text{雷インパルス破壊強度 (kV/mm)}}$$

参考表2　低減LIWVとSIWV　　　　　単位 kV

公称電圧	187	220	275	500
低減LIWV（最小値）	650	750	950	1 300
低減LIWV（最小値）×IR（0.85）	552	637	807	1 105
SIWV	450	550	750	1 050

1　試験条件

1.1　試験電圧の波形

試験電圧の波形は**JEC-0202**-1994に規定されている標準開閉インパルス電圧波とする。

> **解説50**　試験電圧の波形　　ケーブル系統で発生する開閉サージの波形としては残留電圧に相当する直流電圧を重ね合わせた振動波を主要な対象とすることが合理的であるが，このような高電圧インパルス波形を発生することは設備的に困難であること，重ね合わせ直流分はケーブル破壊電圧に比べ一般に20％程度以下で影響が少ないと予想されることなどから，標準開閉インパルス電圧波形を採用した。

1.2　試験時の温度

5.5.1(2)項のとおりとする。

1.3　試験時の油圧

5.5.1(3)項のとおりとする。

1.4 試験試料

5.2 項のとおりとする。

2 試験電圧値

ケーブルおよび接続部の開閉インパルス試験電圧値は高温試験するとき，そのケーブル公称電圧に対応する開閉インパルス耐電圧試験値（SIWV）の110％とする。ただし，常温試験の場合，ケーブルおよび中間接続部に対する試験値はSIWV値の121％とし，終端接続部の場合は110％のままとする。

参考表3　開閉インパルス試験電圧値　　　単位 kV

公称電圧	187	220	275	500
SIWV	450	550	750	1 050
SIWV × 1.1	495	605	825	1 155
SIWV × 1.21	545	670	910	1 275

解説51　開閉インパルス耐電圧試験値
　(1)　開閉インパルス耐電圧試験によって検証する絶縁強度
　　ケーブル系統で発生する開閉サージは，発生原因およびその系統を構成する回路条件より種々のものが考えられている。
　　これまで系統に発生する開閉サージについては計算を主体に検討されてきており，開閉サージの波高値は系統対地電圧波高値の3～4倍とされてきた。しかし，最近の計算手法の改善や遮断器などの進歩による設備の変化により，その大きさは従来より小さくなるといわれている。一方数少ない実測例では計算よりかなり小さい値となっている。
　　以上のようにケーブルの開閉インパルス耐電圧検証値を適切に選択することが困難な状況である。そこでJEC-0102-1994に規定されている公称電圧を対象に機器との協調を考慮し，開閉インパルス試験電圧値を決めた。
　(2)　開閉インパルス耐電圧検証値
　　開閉インパルス耐電圧試験は試料試験で全長を検証し，また製造初期の試験で使用期間を通じての性能を検証するため，SIWV値と開閉インパルス試験電圧値との間になんらかの裕度を考慮する必要がある。
　　裕度の考え方については雷インパルスと同じような問題があり正確に定めることは困難であるが，温度特性，繰返し課電特性などOFケーブルの開閉インパルス耐電圧特性はほとんど雷インパルス耐電圧特性と同じ傾向を示すといわれていることから，裕度の取り方は雷インパルス特性に合わせた。
　(3)　雷インパルス耐電圧試験による代行
　　試験の合理化および試験設備能力を考慮し，開閉インパルス耐電圧試験を雷インパルス耐電圧試験で代行することができるものとする。
　　この場合の試験値は，ケーブル特性から等価雷インパルス電圧を開閉インパルス電圧の110％として定める。すなわち，参考表3の試験値をもとに解説表11のような等価雷インパルス耐電圧試験値とする。

解説表11　等価雷インパルス耐電圧値　　　単位 kV

公称電圧	187	220	275	500
等価雷インパルス耐電圧試験値（高温）	545	670	910	1 275
等価雷インパルス耐電圧試験値（常温）	600	740	1 005	1 405

なお試験方法は，**5.5**（雷インパルス耐電圧試験）のとおりとする。

3 試験電圧の極性および印加回数

開閉インパルス耐電圧試験は正負両極性を各3回印加して行う。

電圧印加はまず正極性で耐電圧値の50～85％の電圧値で電圧を校正した後，規定の電圧を印加する。次に極性を負極性にして同様の方法で電圧を印加する。

4 判　　定

以上の開閉インパルス耐電圧試験において，試料は絶縁破壊を起こしてはならない。

参考2. 半減則温度について

　油浸紙絶縁を対象とした開発試験においては，絶縁体の熱劣化を試験中の温度で再現する温度加速を考慮した試験が実施される。過去のOFケーブルの開発試験では「7℃半減則」の適用が多く，最近の事例でもそれは踏襲されている。

　この度，本規格にて開発試験を規定するにあたって，「7℃半減則」の妥当性について検討を行い，その結果をまとめた。

1. 絶縁紙特性の支配要因

　油浸絶縁紙の各種特性の劣化と温度および時間の関係をまとめた，電気協同研究第55巻第2号（OFケーブルの保守技術，平成11年）に，基準として7℃半減の傾きを追加した結果を**参考図1**に示すが，これとの比較により「紙の抗張力の半減を根拠とした場合は7℃（下線データ）」が半減則の基準値となることがわかる。抗張力残率の特性線の傾きは，重合度の低下や誘電正接の増加に比べて大きく，劣化の指標として厳しいものであるといえる。一方で，熱分解や耐折強度の特性線の傾きは抗張力より大きいが，これらは以下の理由によりOFケーブルの温度劣化の指標とならないと判断できるので，抗張力を支配要因とし，温度加速の基準とすることは妥当と考えられる。

　絶縁紙の熱分解
　　絶縁紙の熱分解が生じる温度は120〜130℃程度といわれており，OFケーブルの運転温度より高いため，温度加速の基準とすることは適当でない。

　耐折強度
　　使用条件下で耐折強度がケーブルの特性に影響を及ぼすことは無いため，温度加速の基準とすることは適当でない。

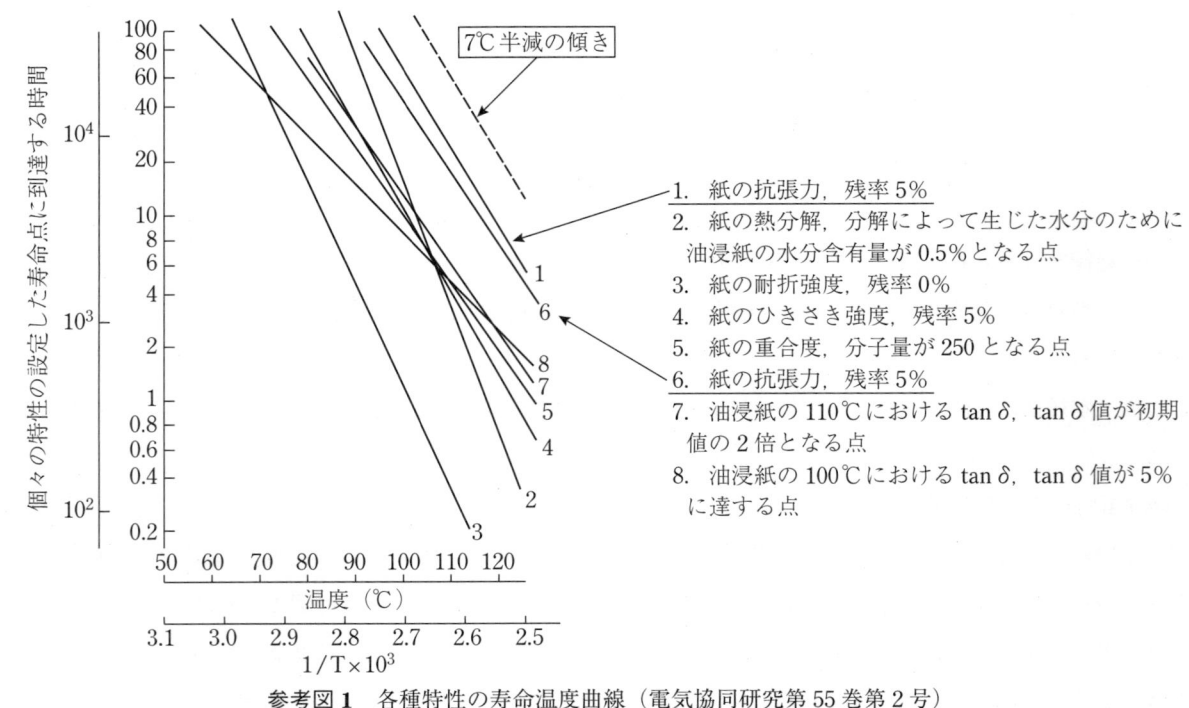

参考図1 各種特性の寿命温度曲線（電気協同研究第55巻第2号）

凡例：
1. 紙の抗張力，残率5%
2. 紙の熱分解，分解によって生じた水分のために油浸紙の水分含有量が0.5%となる点
3. 紙の耐折強度，残率0%
4. 紙のひきさき強度，残率5%
5. 紙の重合度，分子量が250となる点
6. 紙の抗張力，残率5%
7. 油浸紙の110℃におけるtan δ，tan δ値が初期値の2倍となる点
8. 油浸紙の100℃におけるtan δ，tan δ値が5%に達する点

以下に，その詳細な検討結果を示す。

2. 絶縁紙熱劣化特性式の導出

油中絶縁紙の重合度および抗張力の熱劣化特性の関係式は，電気協同研究第55巻第2号の記載から次のように求められる。

【電気協同研究第55巻第2号記載データ試験条件について】

絶縁紙試料を加熱劣化させて，油中生成成分および絶縁紙の機械強度および重合度を調査した。

参考表4 調査資料および試験条件

絶縁油		絶縁紙				試験温度および期間
種類	量 mℓ	種類	厚さ μm	比重	量 g	
鉱油	200	普通紙	125	0.90	23.3	120℃および140℃，1 000時間
合成油	200	低損失紙	125	0.77	19.4	120℃および140℃，1 000時間
合成油	200	半合成紙	170	0.95	10.6	120℃，1 000時間

2.1 加熱温度 T と $(CO+CO_2)$ 生成速度 V の関係

参考図2の近似線より，加熱温度に対する $(CO+CO_2)$ 生成速度は式(4)で表される。

$$V = 3 \times 10^{11} e^{\left(-13.528 \times \frac{1\,000}{(273+T)}\right)} \tag{4}$$

ここで，V：$(CO+CO_2)$ 生成速度 $(mℓ/g \cdot h)$

T：加熱温度（℃）

また，$(CO+CO_2)$ 発生量 M $(mℓ/g)$ は，加熱時間を t (h) として式(4)を用いると式(5)のように表される。

$$M = V \times t = 3 \times 10^{11} e^{\left(-13.528 \times \frac{1\,000}{(273+T)}\right)} \times t \tag{5}$$

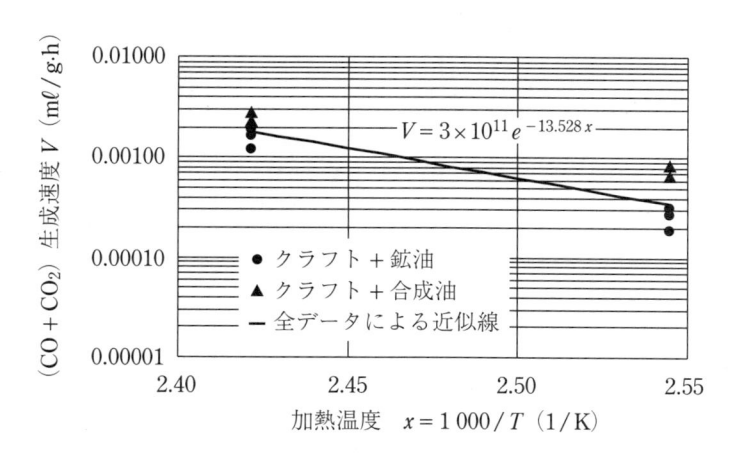

参考図2　加熱温度と（CO＋CO₂）生成速度の関係（電気協同研究第55巻第2号）

2.2 （CO＋CO₂）発生量と重合度残率の関係

（CO＋CO₂）発生量 M（mℓ/g）と重合度残率 y（％）の関係は，**参考図3**の近似線から式(6)で表される。

$$y = 100\,e^{(-0.3912M)} \tag{6}$$

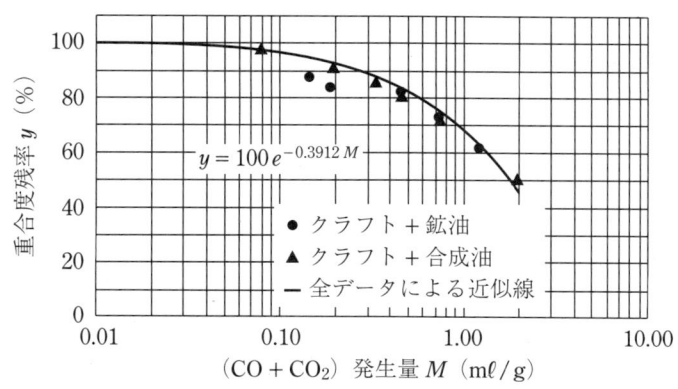

参考図3　（CO＋CO₂）発生量と重合度残率の関係（電気協同研究第55巻第2号）

2.3 重合度残率の算出

よって，加熱時間 t（h）と加熱温度 T（℃）から絶縁紙の重合度残率 y（％）を算出する式は，式(5)および(6)の関係を用いて算出できる。

$$M = 3 \times 10^{11}\,e^{\left(-13.528 \times \frac{1\,000}{(273+T)}\right)} \times t$$

$$y = 100\,e^{(-0.3912M)}$$

2.4 絶縁紙抗張力残率と重合度残率の関係

重合度残率と抗張力残率の関係は，**参考図4**のデータからその近似曲線を求めると式(7)で表される。

$$z = 52.97 \cdot \ln(y) - 146.7 \tag{7}$$

ここで，z：抗張力残率（％）

　　　　y：重合度残率（％）

　※　重合度残率 y の算出式は式(6)を参照

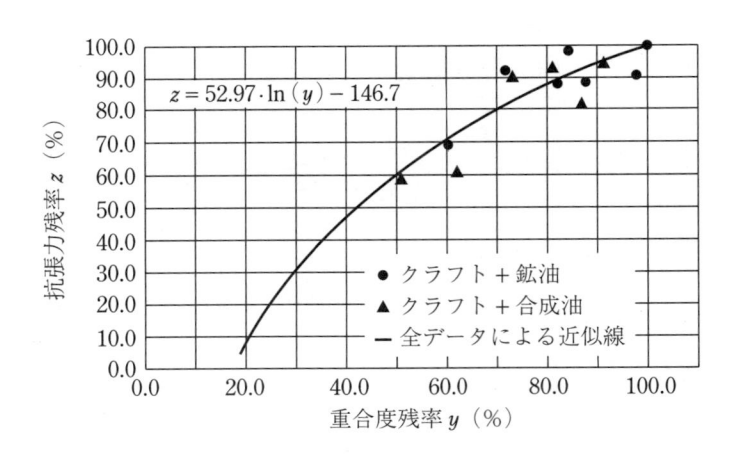

参考図4 絶縁紙重合度残率と抗張力残率の関係（電気協同研究第55巻第2号）

2.5 絶縁紙熱劣化特性式の導出（加熱時間を求める式への展開）

前記の式(5)～(7)から加熱温度 T（℃）における抗張力残率 z（％）となるための加熱時間 t（h）は式(8)で求められる。

$$t = (k + n \times z) \times e^{\left(-b \times \frac{1\,000}{(273+T)}\right)} \tag{8}$$

ここで，t：加熱時間（h）

z：抗張力残率（％）

T：加熱温度（℃）

k：定数（1.564×10^{-11}）

n：定数（-1.609×10^{-13}）

b：定数（-13.528）

3. 加熱時間と抗張力残率の関係

3.1 電気協同研究第55巻第2号データ

前項の式(5)～(7)から求めた各加熱温度（80, 90, 100, 110, 120, 130, 140℃）における加熱時間－抗張力残率特性を**参考図5**に示す。

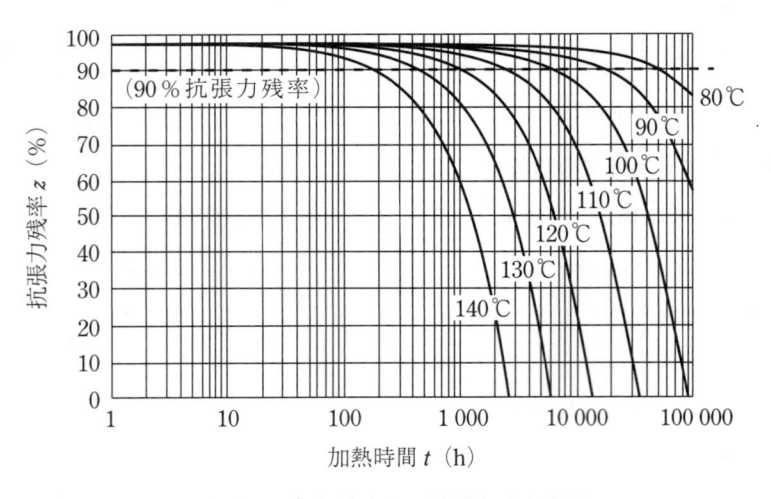

参考図5 加熱時間－抗張力残率特性

参考図5において90％抗張力残率となる加熱時間の算出結果を**参考表5**に示す。

参考表 5　90％抗張力残率となる加熱時間（電気協同研究）

加熱温度℃	加熱時間 h
80	51 213
90	17 819
100	6 561
110	2 545
120	1 036
130	441
140	196

3.2　送電機能向上に関する研究報告その 2 データ

送電機能向上に関する研究報告その 2 から，90％抗張力時の時間を読み取った。その結果を，**参考図 6** および**参考表 6** に示す。

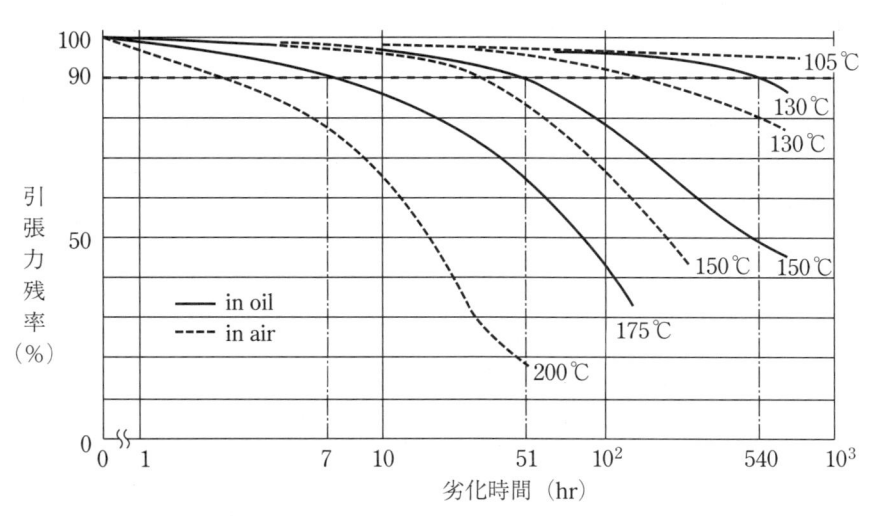

参考図 6　絶縁クラフト紙の熱劣化と引張力残率

参考表 6　諸文献による油浸絶縁紙の最高許容温度

温　度	結　　論	許容時間
180 ℃	絶縁紙の使用安全度を越す	1 hr 以下
140 〃	絶縁耐力が急激に低下	〃
130 〃	これ以上で絶縁紙に炭化の徴候	〃
125 〃	機械強度の点で使用不可	〃
120 〃	これ以上で，セルロース質が分解	〃
115 〃	短時間使用の限度	2～3 hr
〃	これ以下で絶縁紙に炭化の徴候なし	〃
110 〃	90 日間連続使用差し支えなし	2 200 hr
105 〃	イギリス標準最高許容温度	10^5 hr
〃	連続 12 年にて 10％強度低下	〃
100 〃	1 日 15 時間使用差し支えなし	1.7×10^4 hr
〃	25 年使用で 10％強度減少する	10^5 hr
〃	連続使用差し支えなし	26×10^5 hr
95 〃	連続使用差し支えなし	〃
90 〃	1 日 2 時間使用差し支えなし	2.2×10^4 hr
85 〃	1 日 5 時間使用差し支えなし	5.5×10^4 hr
78 〃	連続使用差し支えなし	2.6×10^5 hr

4. 半減則温度の算出

90％抗張力残率における加熱時間の計算値および記載データの一覧を**参考表7**に示す。

参考表7　90％抗張力残率となる加熱時間（全データ）

加熱温度℃	加熱時間 h	備　考
175	7	「送電機能向上に関する研究報告その2」の記載値
150	51	
130	540	
110	2 200	
90	22 000	
85	55 000	
140	196	電気協同研究記載内容からの算出値（**参考表5**参照）
130	441	
120	1 036	
110	2 545	
100	6 561	
90	17 819	
80	51 213	

参考表7の加熱時間と加熱温度の関係を**参考図7**に示す。

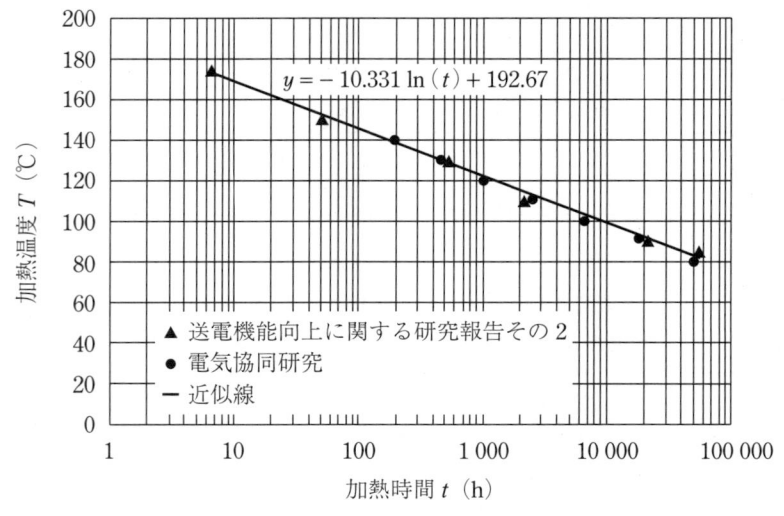

参考図7　加熱時間 – 加熱温度特性

参考図7に示したデータの近似線の式は，式(9)で表される。

$$T = -10.331 \times \ln(t) + 192.67 \tag{9}$$

ここで，T：加熱温度（℃）

　　　　t：加熱時間（h）

(9)式より半減則温度 dT を求めると**参考図8**のとおりとなる。

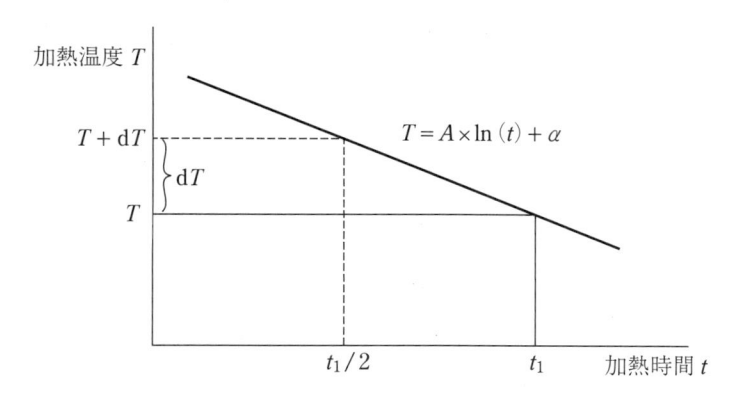

参考図8 半減則温度の算出

$$T_1 = A \times \ln(t_1) + \alpha \tag{10}$$

$$T_1 + \mathrm{d}T = A \times \ln\left(\frac{t_1}{2}\right) + \alpha \tag{11}$$

(11)式 − (10)式

$$\begin{aligned}
\mathrm{d}T &= A \times \ln\left(\frac{t_1}{2}\right) + \alpha - A \times \ln(t_1) - \alpha \\
&= A\left\{\ln\left(\frac{t_1}{2}\right) - \ln(t_1)\right\} \\
&= A\{\ln(t_1) - \ln(2) - \ln(t_1)\} \\
&= -A \times \ln(2)
\end{aligned}$$

(9)式の近似式の傾きは,$A = -10.331$ であるので,半減則温度 $\mathrm{d}T$ は,$\mathrm{d}T = -A \times \ln(2) = (-10.331) \times (-0.693) = 7.16 \fallingdotseq 7$(℃)となる。

5. まとめ

送電機能向上に関する研究報告その2および電気協同研究第55巻第2号に記載されているデータから,絶縁紙の抗張力残率が90％となる加熱時間と温度の関係から半減則温度を算出した結果は約7℃となり,長期課電試験の温度加速条件として一般に使用されている温度加速条件（7℃半減則）は妥当であると考える。

参考3. $\Delta \tan \delta$ 増大の要因例

油浸紙絶縁の誘電正接値には電圧依存性があり,2つの電圧での $\tan \delta$ の差（$\Delta \tan \delta$）は各種不具合によって急増するため,これらの発見に有効である。

以下に具体的な要因例を説明する。

(1) 絶縁油含浸が不十分である場合（参考図9の①),$\tan \delta$ は電圧の増加とともに急増する。

このような場合は,未含浸部分の空隙における部分放電が原因である。

一方,十分含浸した場合の $\tan \delta$ は,電圧増加とともに徐々に増加する。（図の②)

この場合の原因は,油中に溶出したイオンの移動度が増大することと考えられ,油浸絶縁紙の劣化を伴うこ

とがほとんど無いので，健全であると判断できる。

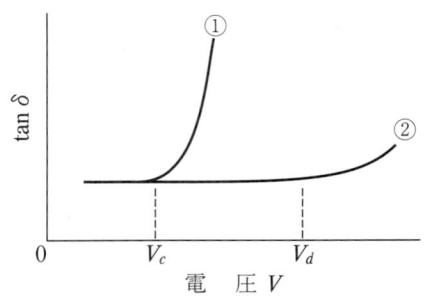

参考図9 含浸不十分な油浸紙①と含浸十分な油浸紙②のtanδ－電圧特性（電気絶縁紙，コロナ社）

(2) tanδの電圧上昇による増加割合は，絶縁体の紙，油の構成方法およびそれらの比率によって異なってくる。

参考図10は，絶縁紙巻きでのギャップ幅を変えた場合の，$\Delta\tan\delta$を比較したものである。

ギャップ幅が大きいと，tanδの増加割合が大きくなる。

この場合の原因も，前述と同様にイオン移動度の増大と考えられる。

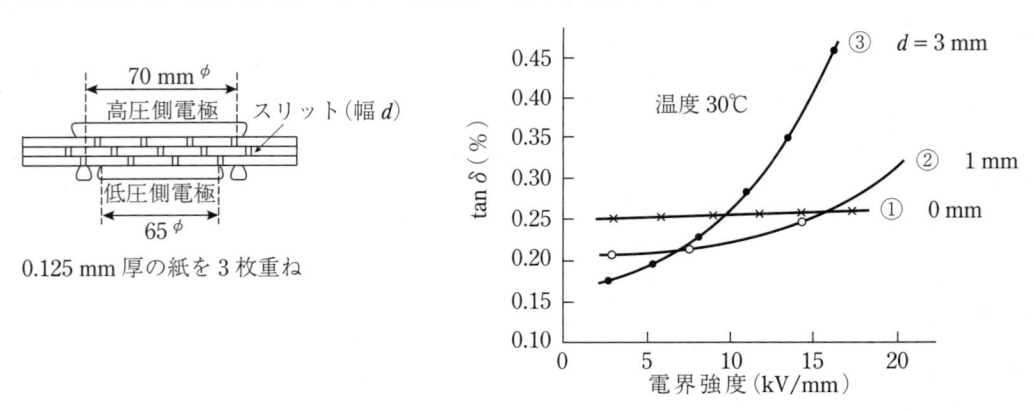

参考図10 $\Delta\tan\delta$に与える油層幅の効果（電気絶縁紙，コロナ社）

(3) **参考図11**は，油浸紙絶縁におけるカーボン紙の影響を検証したものである。

曲線①はカーボン紙無し，②は内外層にカーボン紙を巻いたもの，③は絶縁紙とカーボン紙の間に片面絶縁カーボン紙を設けて，絶縁紙とカーボン紙が直接接触しないようにしたものである。

②が電圧上昇とともに急増しているのに対して，①，③は増加割合が小さい。

この原因は，カーボン紙が油中の不純物分子を吸着したのち，電子を与えてイオン化するためと考えられる。

②は154 kV級以下に，③は220 kV級以上に適用される場合が多い。

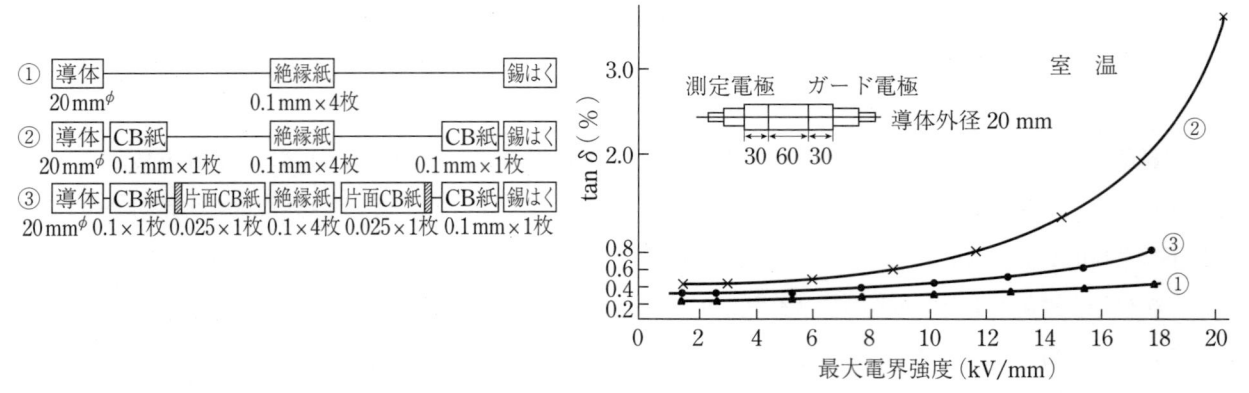

参考図11 片面カーボン紙しゃへいモデルケーブルのtanδ－電圧特性（電気絶縁紙，コロナ社）

(4) **参考図12**の①はパルプの樹脂分をアルコールとベンゼンの混合溶剤で抽出する処理をしていない紙（油

浸紙の汚損を模擬）であり，②は処理した紙である。

①は低電界領域で tan δ の値が高く，高電界領域では低下している。これは絶縁紙間およびギャップなどの絶縁油中イオンの運動が絶縁紙繊維によって阻害されるために，ある電圧でイオン伝導電流が小さくなるためと考えられている。この現象をガルトン効果と呼び，ガルトン効果が顕著に現れることはイオン物質の増加を意味している。

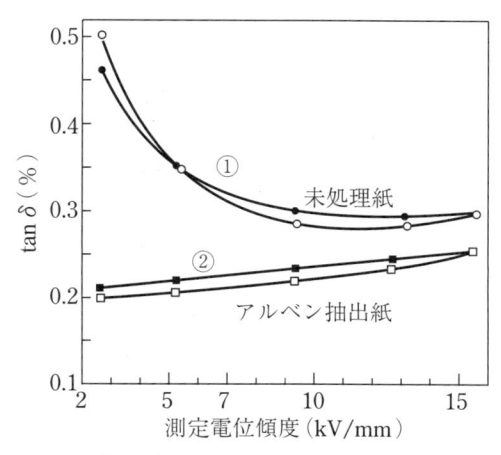

参考図 12　ガルトン効果（油浸紙 100℃）（電気学会技術報告第 858 号）

参考 4．20℃未満の低温領域での tan δ

誘電正接値は 20℃未満の低温領域で増加する傾向にあるが，低温領域では誘電正接による温度上昇幅が増加してもケーブル使用上問題にはならない。したがって 20℃未満で判定値を外れても，20℃相当では判定値以内であると判断できる場合には，合格と判断するのが設計合理化の観点からは妥当である。

1. 海外規格の例

IEC 60141-1993 の誘電正接試験（2.4 Dielectric loss angle test）においては，測定温度が 20℃を下回る場合，20℃に換算している。

換算は 1℃あたり測定値の 2%減とする。

また，当事者間で承認した換算方法があれば，それによっても良いこととしている。

2. 測定データ例

国内で使用している絶縁紙についてはデータが少なく，IEC の換算値が妥当かどうか判断するのは困難である。したがって，開発試験・形式試験での誘電正接温度特性試験においては，特性カーブから 20℃での値を判断し，受入試験での誘電正接試験においては，形式時の特性カーブと比較することで判断する方法が妥当と考えられる。

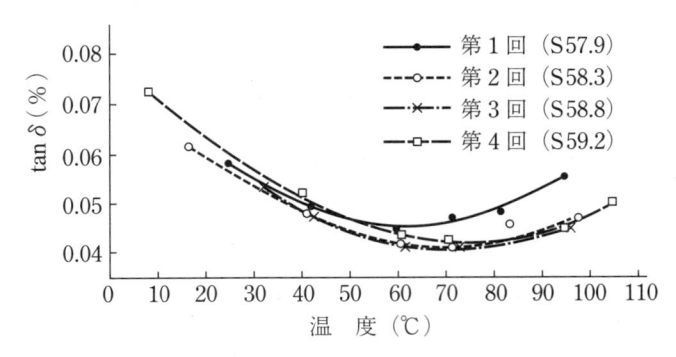

参考図 13 交流 500 kV 半合成紙 OF ケーブル長期試験での誘電正接の推移（ケーブル＋接続部）

（電気学会技術報告第 858 号）

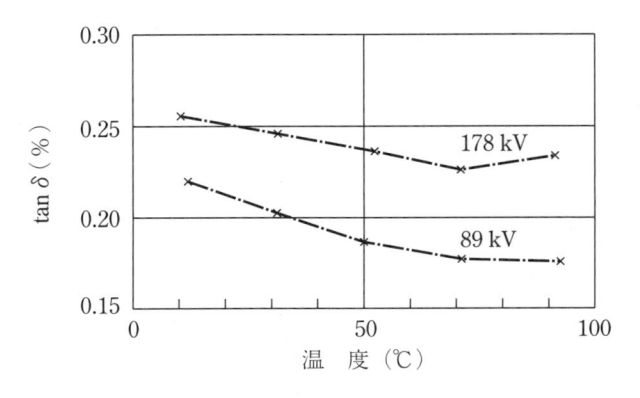

参考図 14 低密度脱イオン水洗紙を使用した 154 kV OF ケーブル tan δ − 温度特性（電気絶縁紙，コロナ社）

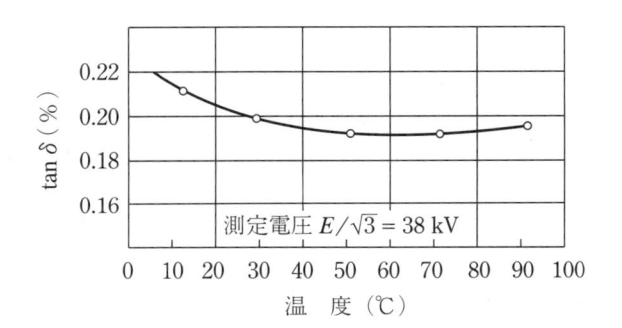

参考図 15 66 kV POF ケーブルの使用電圧における tan δ，温度特性（低密度脱イオン水洗紙使用）

（電気絶縁紙，コロナ社）

© 電気学会電気規格調査会 2006

電気規格調査会標準規格

JEC-3401
OFケーブルの高電圧試験法

1986年7月15日	第1版第1刷発行
2006年7月15日	改訂第1版第1刷発行

編　者　電気学会電気規格調査会

発行者　田　中　久　米　四　郎

発　行　所
株式会社　電　気　書　院

振替口座　00190-5-18837
東京都千代田区神田神保町1-3 ミヤタビル2階
〒101-0051　電話(03)5259-9160(代表)

落丁・乱丁の場合はお取り替え申し上げます.

〈Printed in Japan〉